초등학생을 위한 양자역학 1

- 시간 여행의 시작 -

초등학생을 위한 양자역학 1

- 시간 여행의 시작 -

기획 어린이과학동아

그림 홍승우 | 글 이억주 | 감수 최준곤(고려대학교 물리학과 교수)

해나무

머리말

안녕하세요, 어린이 여러분. 저는 만화가 홍승우입니다.
저는 어렸을 때부터 과학자를 존경해 왔습니다.
과학자들은 우리가 살고 있는 지구와 우주 만물이 어떻게 만들어졌고
어떤 법칙으로 작동하는가 하는 문제를 탐구했기 때문입니다.

여러분 앞에 사과가 하나 있다고 생각해 보세요.
사과를 반으로 쪼개고 그 반을 또 쪼개고 계속 쪼개다 보면 무엇이 나올까요?
바로 원자입니다. 원자는 이 세상의 모든 물질을 이루는 단위입니다.
양자역학은 원자같이 더 이상 쪼갤 수 없는 단위 안에서 벌어지는
물리 현상을 탐구합니다.

그토록 작고 작은 세계에 대해 궁금증과 의문을 갖기 시작한 건
먼 옛날 그리스 시대부터랍니다. 그때부터 지금까지 수천 년 동안
과학자들이 원자를 연구해 온 결과 지금은 원자 안에 무엇이 들어 있고
그것들이 어떻게 움직이는지 알고 있습니다. 하지만 아직도 더 알아내야 할
사실들이 남아 있죠.

이런 의문을 품은 과학자들은 누구였는지, 또 어떻게 연구를 해 왔는지
궁금하지 않나요? 그들의 발견 이야기와 원자 속 세계에서 작동하는
물리 법칙을 만화를 통해 배워 보세요. 이 책에서는 우리 이웃과도 같은
다운이 가족이 시간을 거스르며 원자 속 세상을 탐험합니다.

자, 그럼 만화 캐릭터들과 함께 어린이 여러분도 눈에 보이지 않는
가장 작은 세계로 들어올 준비되셨나요?
그럼 시작합니다!

홍승우(만화가)

여러분은 핸드폰이나 컴퓨터 없이 잘 살 수 있나요?
아마도 원시 시대로 돌아간 느낌일 것입니다.
오늘날 우리 생활을 편리하게 해 주는 여러 과학기술은 양자역학 덕분에 등장할 수 있었습니다. 특히 핸드폰과 컴퓨터에 적용되는 반도체의 원리도 양자역학으로 설명됩니다.

과학사에는 두 번의 '기적의 해'가 있어요.
첫 번째는 뉴턴이 만유인력 법칙과 운동 법칙을 발견하여
달과 사과의 움직임을 설명한 1666년이고,
두 번째는 아인슈타인이 빛과 전자의 성질에 대한
위대한 논문을 발표해서 양자역학의 기초를 다진 1905년입니다.
뉴턴의 운동 법칙은 눈으로 볼 수 있는 거시 세계를 설명하는 반면,
양자역학은 눈으로 볼 수 없는 미시 세계를 설명합니다.

양자역학을 모두 이해하는 것은 참으로 어려운 일이에요.
하지만 호기심을 갖는다면, 물질이 무엇으로 이루어져 있고,
그 물질 사이에서 어떤 일이 일어나는지를 살펴볼 수 있습니다.

호기심은 과학의 가장 큰 밑거름이에요.
이 책은 바로 그 호기심을 가지고 물질의 세계를 탐구한 과학자들의 이야기입니다. 고대 그리스의 철학자 데모크리토스부터 양자 순간 이동을 성공시킨 안톤 차일링거까지, 양자역학에 기여한 수많은 과학자들을 통해 여러분을 미시 세계로 안내하고자 합니다.

이억주(글 작가)

차례

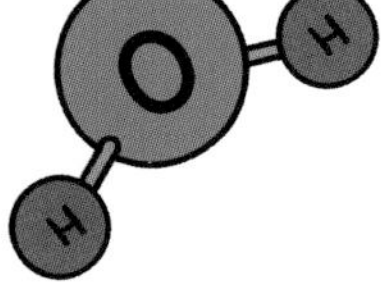

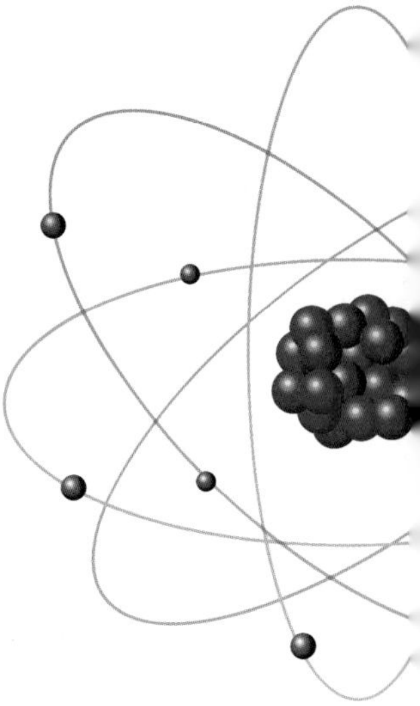

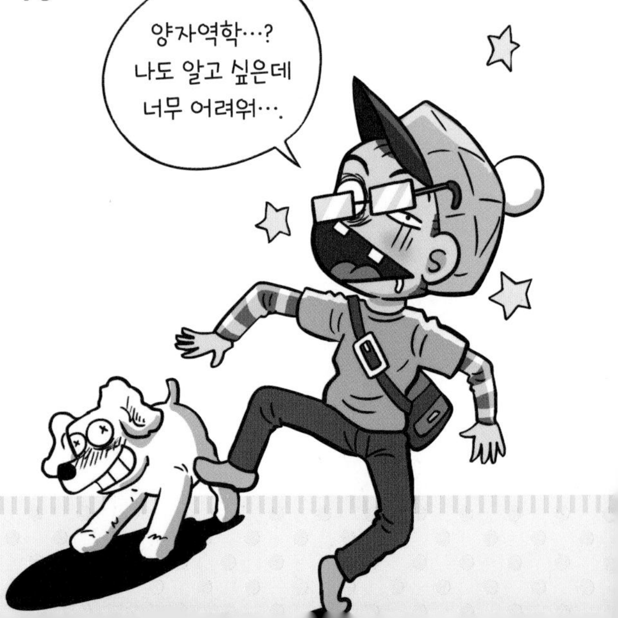

양자역학…? 나도 알고 싶은데 너무 어려워….

뭐, 뭐야?
뭐가 이렇게 재밌어?
빠져든다~!
이 책과 함께라면
초등학생도 양자역학이
두렵지 않지.

등장인물

정다운
물리초등학교 5학년.
물리학에 대해서라면
뭐든지 궁금한 호기심 대왕.

믹스
다운이 가족의 반려견.
먹을 것을 무지 밝히는
사고뭉치.

다운이 가족
누구보다
서로를 아끼는
따뜻한 가족.
함께 모이면 웃음이
끊이질 않는다.

김민서
물리초등학교 5학년.
박학다식하며
호기심이 많은 똑똑이.

데모크리토스
고대 그리스의 철학자
(B.C. 460?~B.C. 370?)

로버트 보일
영국의 화학자
(1627~1691)

앙투안 라부아지에
프랑스의 화학자
(1743~1794)

존 돌턴
영국의 화학자
(1766~1844)

드미트리 멘델레예프
러시아의 화학자
(1834~1907)

아이작 뉴턴
영국의 물리학자
(1642~1727)

요한 발머
스위스의 물리학자
(1825~1898)

시어도어 라이먼
미국의 물리학자
(1874~1954)

조지프 톰슨
영국의 물리학자
(1856~1940)

어니스트 러더퍼드
뉴질랜드의 물리학자
(1871~1937)

닐스 보어
덴마크의 물리학자
(1885~1962)

1화
기적의 이벤트 당첨!
우핫, 왔다! 드디어 왔어!

왔어, 왔어!
후다닥
예~, 아~, 왔섭맨?
에이~, 요! 왔섭맨!

그게 아니라 과학 캠프 잡지가 왔다고!
촤르르르
아, 맞다. 이번 호에 발표한다고 했지?

정다운,
정다운!
제발 내 이름이
있기를….
스위스 제네바
CERN
견학 당첨자 발표!
축하!
두구두구
두구!
정다운 (물리초5)
있다!
…….
꿈 깨셔!
쿵
쿵
털
썩
오빠 기절했어….
오
마이 갓!
낙엽이 지는 10월, 스웨덴에서
노벨 물리학상 수상자를
발표할 때에 맞춰…
바로 저거야!
이벤트를
만들자!
헉
팍
과학 캠프 담당자
또 날밤
새우게
생겼군…
프랑수아
앙글레르
CERN은
'유럽 입자물리 연구소'를
줄인 말입니다.
피터
힉스
과학 캠프 담당자는
스위스 제네바에 있는 CERN
견학 이벤트를 열었다.

혹시나 하는 마음으로
다운이가 견학을 신청했는데,
그게 당첨된 것이다.
물!
물!
뽀골
뽀골
해냈어으어아….
아빠 왔…
헉!
무슨 일이야?
오빠가
로또에
당첨됐어.
뭣? 로또에
비교하다니!
내 지적 자존심에
먹물을 튀길
셈이냐?
오, 깨어났다.
당첨? 이번에 아빠가
스위스로 출장 가는데
우리 가족이 다 함께
갈 수 있겠네.
오예~! 아빠가
현대 물리학 연구소
연구원인 게
정말 좋아.
그럼 겨운이는
현대 물리학도
좋아하겠네?
팍
왜 대답이 없는 건데?
…….
쩝 쩝
노벨 물리학상은
영국의 피터 힉스 교수와
벨기에의 프랑수아
앙글레르 교수가
수상했습니다.
아자! 과학NEWS
예정 시간보다
한 시간 늦게
발표됐는데요….
쩝
쩝

어… 그러니까 피터 힉스 교수는… 1964년, 어… 원자를 이루는 작은 입자 12개와… 어…
Peter W. Higgs
……
이들 사이에서 힘을 전달하는 입자 4개를… 그러니까 모두 16개의 입자가 있는데…
이 16개의 입자에게 질량을 주는 17번째 입자가 있어서… 어…
치이이
17 Higgs
너… 너무 어려워…
그 입자를 자신의 이름을 따 '힉스'라고 했습니다….
좀 더 쉽게 설명할 수는 없나요…?
무… 무리예요….
치이이
치이이
네… 그럼 계속하세요….
어… 그래서요… 앙글레르 교수도 같은 해에 힉스 입자가 다른 입자들에게 어떻게 질량을 주는지 설명하는 이론을 만들었습니다.
힉스의 역할에 대해 말이죠
François Englert
아니, 오래 전에 만든 이론인데 왜 이제야 상을 준 건가요?

이론은 1964년에 나왔지만 실험으로 입증한 건 2012년 6월이었거든요.
CERN 지하에 설치한 '거대 강입자 가속기(LHC)'라는 장치로 실험을 했습니다.
스위스
프랑스
여러 나라를 넘나드는 장치라니, 정말 거대하군요.
우헤헤
그래! 그런 CERN에 내가 간다는 것 아니겠어? 기다려라, CERN!
입 좀 다물어! 밥알 튀잖아!
후후, 이번에 CERN에 가면 내 지적 능력을 한껏 발휘해야겠군….
냐냐냐
그럼 아빠는 언제 노벨상 타?
헉!
아빠는 그 상 못 타? 왜 못 타?
??
…….
자꾸 묻지 마라, 얘야… 아빠라고 안 타고 싶겠니….
우우웅
자, 그럼 CERN이 있는 스위스 제네바로 출발!

CERN
유럽 입자물리 연구소
두둥
와, 드디어 도착했다!

유후~! 웰컴 투 CERN! 전 가이드 '볼프강'이라고 합니다!
헉, 볼프강… 아마데우스 모차르트?

힉스 입자는 마치 온몸을 전율하게 만드는 모차르트 교향곡 40번과도 같죠…!
끄읔!
가이드야 음악가야?

알레그로!
아지타토!
이상해….
저기요… 질문 있는데요.
왜 과학자들은 이 세상에서 가장 작은 물질을 찾아내려고 하는 건가요?
그거야 당연히… 궁금하니까!
휙
헉
물질이 무엇으로 이루어져 있는지 알고 싶어 하는 마음은 인류가 탄생하면서부터 생겨났어요.
학생, 학생은 물질이 무엇으로 이루어졌다고 생각하나요?
우어어
속이 어떻게 생겼는지 궁금해!
그야…
당연히 원자죠!
냠냠
오, 대박!
아자봉!
팍
팍
하지만 정답은 아니라는 거….
헐!

자, 그럼 CERN을 둘러 볼까요?
of course!
벌떡
이 장치는 LHC라고 부릅니다. 세계 최대의 입자 가속기예요.
헉, LHC가 이렇게 큰 장치였다니!
가속기의 둘레만 27km이고, 스위스와 프랑스의 국경에 걸쳐 있죠.
스위스
프랑스
둘레 27km
그럼 우리가 지금 있는 곳은요?
프랑스입니다.

이 파이프는 빛의 속도로 가속된 입자들이 달려 나가는 길이에요.
그렇게 가속된 입자들을 서로 충돌시켜 그 입자들이 무엇으로 이루어져 있는지를 밝히는 거예요.
어, 믹스가 어디 갔지?
믹스, 함부로 돌아다니면 못써!
이름은 힉스 박사님과 비슷한데, 넌 왜 맨날 사고만 치냐?
!
관계자 외 출입금지
혹시… 이곳으로?

와,
이 장치들 좀 봐!
끝내준다!
벅벅
야, 믹스! 거기서 뭐 해?
그러다 우리 가족 모두
여기서 쫓겨날지도
모른다고!
낑!
벌떡
타타탓
어서 와,
이 사고뭉치야!
쳇 나도 좀 나만의
시간을 갖자고!
잡았다!
팟
우웅
어…
어…?
푸좌좌

터벅
터벅
어휴… 정신없어… 힉~, 스!
왜 이렇게 딸꾹질이 나지?
힉스!
비틀
그렇게 밝은 빛은 처음 보네… 힉~, 스!
어딜 갔다 오는 겁니까? 투어 중에는 멋대로 돌아다니면 안 돼요!
힉스!
힉스!
헤헤!
그래, 오늘 견학은 어땠나요?
뭐랄까… 꽤나 충격적이었어요….
힉스!
Restaurant
Higgs
어서 오십시오!
Restaurant Higgs
Menu
넌 여기서 기다리렴.
흥!
어때, CERN의 규모가 대단하지? 우리나라 과학자들도 지금 연구에 참여하고 있어. 당신도 알지? 내 친구 이희수 박사.
달팽이 요리 먹으면서 기다려~
대박!
딸꾹질 좀 그만해!
아, 그래요? 쿼크를 연구한다는 그분이요?
힉스!
흥분
흥분

쿼크? 쿼크가 뭐예요?
쿼크는 양성자와 중성자를 이루고 있는 입자란다.
양성자
쿼크
원자
원자핵
양자역학이라는 새로운 물리학에서 집중적으로 연구하는 아주 중요한 입자야.
양성자, 중성자, 전자, 양자역학… 윽, 갑자기 현기증이…
먼 옛날에도 이렇게 작은 세상에 대해 계속 연구했다는 게 사실이에요?
그럼, 고대 그리스 학자들은 이 세상 모든 물질이 물, 불, 공기, 흙으로만 이루어져 있다고 생각했어.
우웩, 우리가 먹는 음식에도 흙이 들어갔다고?
하지만 물은 수소 원자와 산소 원자로 이루어져 있잖아요!
O
H
H
H2O
뽀골 뽀골
깔깔
늬들이 원자를 알아? 우헤헷!
우힛
Δημόκριτος
B.C.460?~B.C.370?
맞아. 하지만 고대 그리스 시대에는 원자가 뭔지 잘 몰랐어. 물론 데모크리토스가 원자설을 주장하긴 했지만.

실례합니다.
주문하시겠습니까?
네, 전…
연어 채소구이로
주세요.
Menu
저는
포테이토
햄버그 스테이크로
할게요.
저는
해물 파스타.
Menu
Menu
그럼
마지막으로…
어린
손님은요?
저는요….
Menu
랍스터와
스테이크를 합친…
'랍스테이크'요!
팟
촤팟
꾸엑!
Menu
워월?
주우욱
Menu

푸하하하!
아이고... 여긴 어디야..
확
할아버지… 여긴 어디예요…?
어디긴? '아토모스'로 만들어진 세상이지.
우헤헤헤
아토모스… 요? 그런데 왜 그렇게 웃고 계시는 건데요?
세상의 모든 물질을 계속 쪼개다 보면 더 이상 자를 수 없는 아토모스가 남거든, 크흐흣!
그래서요?
에헤헥
아토모스는 '나눌 수 없다'는 뜻이야. 영어로 하면 '아톰(atom, 원자)'!
그러니까 그게 왜 웃긴 건데요?
사람들이 나의 이 고귀한 생각을 이해하지 못하니 어이가 없어서 자꾸 웃음만 나온다는 거 아니냐!
겔겔
겔겔
세상이 원자로 이루어져 있다는 건 당연한 건데….

오옷,
드디어 나 데모크리토스의 의견에 동의하는 최초의 사람이 나타났다!
데모크리토스? 원자론을 주장했다는…?
깜짝
팍
이럴 수가! 나에 대해 알고 있는 게냐?
아… 아빠가 알려 주셨거든요.
오호, 그래? 네 아빠는 멋지고 대단한 분이로구나! 위대한 학자를 알고 있다니…!
하하하!
헐 완전 자백
그나저나 정말 잘 웃으시네요.
그래서 사람들은 날 '웃는 철학자'라고 부른단다.
하하핫
어쨌거나… 난 모든 물질이 원자로 이루어졌다고 생각해.
?
그런데…
나보다 쬐끔~, 덜 유명한 철학자인 탈레스 선생님은 좀 다르게 생각하셨지.
!
Θαλῆς
B.C.624? ~B.C.546?
만물의 근원은 물이다!
헤
이 세상의 모든 물질은 물로 이루어져 있고, 언젠가는 물로 변한다!

그런데 나와 달리 신기하게도 많은 사람들이 그를 따르고 믿더구나.
왜냐면 내가 더 유명하니~~까!
하 하
뽀골골
아쿠아~맨!
그리고 나보다 30년 정도 선배인 엠페도클레스라는 철학자는 또 이런 주장을 했어.
물질의 근원은 물, 불, 공기, 흙이다!
Εμπεδοκλῆς
B.C.495?~B.C.435?
아! '4원소설' 말이죠?
와우! 너 보기보다 똑똑하구나.
하하! 제가 좀 아빠를 닮아서…
그런 말 많이 듣…
옳지! 잘 먹네.
쩝 쩝
나 지금 누구랑 얘기하니!
여러분, 생각을 해 보세요! 어떻게 만물이 물 한 가지로 이루어져 있겠습니까?
물, 불, 공기, 흙이 적당한 비율로 뭉쳐 생기는 것입니다!
따뜻함
건조함
습함
차가움

예를 들어 우리의 뼈는 불과 물과 흙이 1 : 2 : 2의 비율로 섞여 만들어진 것입니다.
그렇다는군.
음, 왠지 음식 조리법 같기도 하고….
물만 하더라도 수소와 산소로 되어 있는데….
수소? 산소? 그게 뭐냐? 먹는 건가?
아… 아무것도 아니에요!
너무 아는 체 하지 마. 역사가 뒤죽박죽되면 책임질래?
하여간 난 엠페도클레스의 이야기를 듣고 크게 깨달은 게 있단다, 흐하헤!
해골 조리법의 비율이 틀렸나?
그게… 뭔데요?
팍
물질을 계속 자른다면 결국에는 무엇이 남게 될까?
그건 나도 몰라!
며느리도 몰라!
석 석 석!
쓱

예를 들어
사과를 반으로 자르고 다시
반으로 자를 수 있겠지?
싹둑
싹둑
싹둑
계속해서 자르면 어떻게 될까?
더 이상 자를 수 없을 때가
되겠지?
싸
싹둑
지이잉
더 이상
불가능!
모든 물질은 더 이상 자를 수 없는
원자로 이루어져 있고, 원자들이
어떻게 모여 있느냐에 따라
여러 가지 물질이 만들어지지.
ATOM
그때 남는 것이
내가 말한 '아토모스',
즉 원자(atom)란다.
물, 불, 공기, 흙이 원자로
바뀐 것만 빼면 엠페도클레스의
4원소설과 비슷하네요!
그렇지!
원자는 영원히
변하지 않으며!
ATOM
헤
히히
호 해!
불로
장생
그 수도 무한하지!
결국 이 우주에 존재하는
물질의 수도
무한한 거야!

원자와 원자 사이에는 빈 공간이 있단다! 그러니까 우주 만물은 원자와 빈 공간으로 이루어져 있지!
이것이 나의 생각이지, 우헤헤히 후하호흑!
웃음소리가 갈수록 기괴해지는 것 같네….
껙 껙 껙
그런데 사람들이 도통 내 말을 믿지 않아! 엠페도클레스의 4원소설은 믿으면서! 대체 왜 그러는 건데?
왜! 왜?
사람들이 믿을 수 있도록 실험으로 보여 주면 되잖아요?
사람들은 실험보다 생각을 더 중요하게 생각하는걸….
흑
그나저나 꼬마야, 넌 꽤 괜찮은 녀석이구나. 맘에 쏙 들어.
저는요?
별 말씀을…
슥
푸프하호홧! 난 이제 또 여행을 떠나련다! 여행을 하며 우주의 이치를 깨닫고 오마!
퍄
폭
척
이걸 선물로 주마. 내가 '원자론'을 생각하며 정리해 놓은 노트야. 너에게 처음으로 주는 거다.
헉, 저희를 두고 그냥 가시면 어떡해요!

푸악
!
샥
쩝
쩝
쩝
데모크리토스의 원자론이 더 빨리 받아들여졌다면 물리학이 훨씬 더 빨리 발전할 수도 있었겠네?
그럴 수도 있었겠지. 원자론은 4원소설에 묻혀서 2000년 이상 발전이 없었거든.
응? 다운이 너… 안색이 안 좋다? 체한 거 아냐?
?
아… 아뇨, 괜찮아요….
맙소사, 내 손에 데모크리토스 할아버지의 노트가 그대로 있어! 꿈이 아니었던 거야!
쿵
!
겔 겔

2화
원자론을 싣고 달리는 TGV
스위스 제네바에서 프랑스 파리로 TGV*를 타고 출발발발~!
슈아악
내가 과거로 시간 여행을 하다니… 이게 꿈이야, 생시야?
슈슈슉
?
이 두루마리가 내 손 안에 있는 걸 보면 분명 꿈은 아닌데…!
그게 뭐냐?
헉! 아무것도 아녜요!
그나저나 아빠, 데모크리토스의 원자론이 왜 2000년 넘게 알려지지 않은 거죠?

* 프랑스 고속 철도. 테제베라고 불린다.

사람들이 대부분 4원소설을 믿었으니까.
꼴깍 꼴깍 꼴깍
오물 오물
아니… 그런 말도 안 되는 말을 믿다니! 정말 어이가 없군.
잠깐, 기차를 잘못 탔어! 이 기차는 독일로 가는 거네!
으악, 뭐? 그럼 우리 어떻게 해?
표
이런 말도 안 되는 말을 믿다니! 정말 어이가 없군.
헐
그래도… 4원소설이 있었기에 원자론이 생겨날 수 있었어.
4원소설을 본격적으로 의심하기 시작한 사람은 바로 로버트 보일이었지.
물론 그 밖에도 많은 사람들이 의심을 하기 시작했어.
맞다, 뭐….
뭔가… 꺼림칙해…
엠페도클레스 혼령
17세기 후반, 영국
아니, 그 귀한 금과 은이 물, 불, 공기, 흙으로만 이루어져 있다는 게 말이 돼?
그러게!

게다가 구리와 납도 그 네 가지 원소로 만들어졌다는군!
말도 안 돼! 4원소설을 믿을 수 없어!
왠지 내 입지가 점점 좁아지는 것 같군…
슬금 슬금
슥
헉!
물질의 근원이 물, 불, 공기, 흙이라는 건 거짓말이야. 분명 다른 물질로 이루어져 있을 거야!
휴 깜딱이야
실험을 통해서 반드시 밝히고야 말겠어!
두둥!
난 이제 간다 ~잉
만화 효과음 본인이 직접..
실험? 어떤 실험으로요?
혹시… 아주 아주 아주 얇게 자르는 칼로 삭삭~!
그런 칼 만드는 게 더 어렵겠다….
그렇게는 아니고… 보일은 J자 유리관을 만들었어.
J자 유리관?

한쪽 끝이 막힌 관에 공기가 있고 다른 쪽 끝에 계속 수은을 부으면 밀폐된 공기의 부피가 줄어들어.
이곳에 계속 수은을 부어 밀폐된 공기의 압력을 증가시킨다.
밀폐된 공기
수은
보일은 이걸 공기 입자가 진공 속에서 서로 모이기 때문이라고 보았어.
그건 마치… 방 안에 사람들이 듬성듬성 있다가…
사람… 아니, 공기 살려!
공간이 좁아지면서 꽉꽉 들어차는 것과 비슷하겠네요.
그러췌! 비교 쩔고!
4원소설에서도 공기의 부피가 줄어들 수 있지 않나요?
4원소설에 따르면 진공은 없어. 그럼 압축될 수 없지.
결국 보일은 이 실험으로 아주 중요한 법칙을 알아냈어!
압력이 증가하면 증가할수록 공기의 부피는 줄어든다!
그래, 네 말이 맞아! 그러니 어서 구해 줘!
이게 바로 보일의 법칙!

음, 불도 입자로 되어 있고, 열도 입자들의 운동 때문에 생기는 거구만!
실험!
실험~!
지글
지글
화
악
치이이
좋았어, 입자론에 대한 책을 쓰자!
팟
오옷, 드디어 사람들이 원자론을 믿기 시작했겠네요!
하하!
아니, 사실은 그로부터 100년은 더 기다려야 해.
헐
프랑스의 라부아지에가 나타나기 전까지 말이야.
요즘 과학이 발달하는 속도는 TGV 수준인데….
쩝
쩝
쩝
옛날 과학은 거의 거북이 수준….
누가 내 얘 하는 겨…
알 라부~, 아지메?
엉금 엉금

꼴깍 꼴깍
야, 정겨운! 너만 마시냐? 나도 좀 먹자!
할짝 할짝
치사 빤스! 침 묻히기 공격~!
그럼 내가 못 먹을 줄 알고?
탁
꼴깍 꼴깍 꼴꼴깍
으윽, 드러워~.
캬아!
끄르럭
매너 봐라
어, 그냥 물이 아니네? 탄산수잖아?
물, 이산화탄소… 액체와 섞인 기체….
지잉

좌아아악
뭐니, 또?
꺄앙!
화르르
앗, 뜨거워! 여긴 대체 어디야?
한창 실험 중인데 누가 들어온 거야?
헉!

치글 치글
화르르르
이게 얼마나 중요한 실험인 줄 알아?
그나저나 저러다 불나겠어요. 실내에서….
격정 마라! 내가 오늘을 기다리며 100일 동안 지켜보고 있었다!
네? 100일이나요?
아저씨는 뭐 하시는 분인데 이런 실험을….
혹시 목욕탕 주인?

어험, 나는
라부아지에라고
한단다.
?
라부아지에?
100년 동안이나
기다리게 한
그 유명한 과학자?
웬 100년?
100일
이라니까?
아… 아무것도
아니에요!
입 좀
조심해…!
어?
그나저나 지금
뭘 그렇게 팍팍
끓이시는 거예요?
응? 이거?
치글
치글
뭐야,
물이 거의 다
쫄았잖아?
치글
치글
아, 커피 한잔 하시려고요?
그럼 전 코코아로 주세요.
난 캐러멜
마키아토로,
진하게~.
여기 카페 아니거든?
실험 중이라고, 실험!

그럼 물을 식혀서 목욕이나 한번…!
벅
벅
벗지 마! 엉덩이 넣어! 너희 정체가 대체 뭐야?
저희는 대한민국에서 왔어요.
쉿, 조용히 해!
대한민국? 그게 어디 있는 동네냐? 아까부터 계속 모르는 말만 하는구나.
하… 하여간 아빠랑 로버트 보일의 원자론 이야기를 하다가… 여기로 온 거예요….
오오, 로버트 보일 선생님을 알고 있다니! 그거 하나는 통하는구나!
선생님도 보일을 아시는군요?
당연하지! 나도 보일 선생님처럼 4원소설이 틀렸다고 생각해!
엠페도
또?
사람들은 4원소설에 따라 물을 끓이면 흙이 된다고 믿고 있어.
흙이어요~.
화르르
웬 김밥 옆구리 터지는 소리야

식물이 물만 있으면 자랄 수 있는 걸 보고 물이 흙으로 변한다고 생각한 거야.
양파
오오, 뿌리가 생겼어! 물과 흙은 같은가 봐!
그러니까 말이 되긴 되네...
심지어 보일 선생님도 그러셨지.
물을 계속 끓이면 고체가 남으며!
이것은 물이 변하며 생긴 흙이다!
너무 자신감 넘치시네...
그런데 나는 그게 과연 맞는지 의심이 들더라고.
그래서 실험으로 확인해 보려는 거야!
뿌글
뿌글
그래서 100일 동안이나 물을 끓이고 계신 거군요.
그렇지, 오늘이 물을 끓인 지 딱 100일째 되는 날이야.

이 이 이
음, 이제 다 끓었군. 물이 완전히 사라졌어.
쿵
앗, 용기 안에 고체가 있다!
헐~! 말도 안 돼!
엥?
물을 계속 끓이면 이렇게 고체가 생기는 게 맞군!
끙!
그윽 극
언빌리버블!
진짜 믿는 건 아니겠지?
가서 저기 있는 큰 저울을 가져오너라!
옛썰!
완전 몰입…
와자잣!
끼이익
다다다
신났다!!

생성된
고체의 질량을
측정하고….
큰 저울
준비 완료!
헉
헉
용기의 질량을
측정….
끼
익
끽
이 고체의
질량만큼
용기의 질량이
줄어들었어!
둥
!
그렇다면….
혹시…
그 고체는 물을 끓일 때
용기의 일부가 녹아
생긴 건가요?
헉! 너 혹시
흙이 안 생겨서
실망한 거냐?
오~, 대박!
너 꽤나
똑똑하구나.
흙이 안 생겼어 흙이…
야, 정다운!
정신 차려!

그러니까 결국 물질은 생성되거나 파괴되지 않아! 다만 형태가 바뀔 뿐이지!
아… 네….
번쩍
실험 전후의 질량에는 아무런 변화가 없어!
화학은 마술이 아니잖아
전체 질량은 항상 일정하다! 이것이 바로 질량 보존의 법칙!
라부아지에가 발견한 유일한 법칙.
하하, 좋았어~! 기분이다! 네게 보여 줄 게 있어!
?
탈레스는 모든 물질의 근원은 물이라고 했지.
4원소설에서도 물은 근본 물질 가운데 하나라고 했고!
그런데 나는 그렇게 생각 안 하걸랑? 물도 분명히 더 작은 원소들이 합쳐져서 생긴 거라고.
그걸 증명할 실험을 이미 해 봤다는 말씀~!
화악

짜잔~!
헉! 이건?
둥!

물을 요 입구에
넣으면…
쪼로록

물은 화로에
달궈진 철관을
따라 이동하면서
수증기가 되지.
치이이~!

이 수증기를
냉각하면 물이 돼.
냉각수
물
희한하게도 그 물의
양은 처음 흘려 넣은
물보다 줄어들었거든?
다이어트
좀 했죠~.
그리고 한쪽에는
수소가 생겨났어.
수소
게다가 철관의
질량도 증가했지.
나
살쪘어
…
콰 아!
이게 무슨
뜻이겠냐!
헉,
깜짝이야!
물
달궈진 철관을 따라
물이 흐르면서 산소와
수소로 분해된 거야.
$Fe + H_2O \rightarrow FeO + H_2$
산소가 철과 결합해
산화철이 돼서 철관의
질량이 늘었지.
그리고 남은
수소는 여기!
수소
철관
냉각수
벽화로
남은 물

산소
수소
수소
결국 물도 다른 원소로 나뉜다는 사실!
4원소설의 엠페도클레스여, 이젠 안녕~!
진작에 떠났으~!
이것 보렴. 그동안 실험을 더 해서 발견한 물질들이야.
와~!
구리
납
유황
실
마그네시아
알루
왜 사람들이 선생님을 '근대 화학의 아버지'라고 부르는지 알겠네요.
웬 아버지? 난 아직 결혼도 안 한 총각이여~.
아니, 뭐… 그런 게 있어요.
슥!
팍
뻐꾹! 뻐꾸욱~!
띵
땡
땅
이런, 논문 발표하러 왕립학회에 가야 하는데 늦었다!

내 논문!
내 논문
어디 뒀지?
허둥
지둥
탁
혹시… 이거
아니에요?
내 겉옷,
모자! 다들
어디 갔어?
여기….
둥지 둥허
…….
오늘 여러모로
즐거웠다. 보답을
하고 싶은데….
슥
?
최근에 발견한
신물질이란다.
가져가렴.
신물질…?
라부아지에 선생님,
발표 잘하세요~!
난 원래 잘해!
헐!
자뻑
데모크리토스
님에 이어
두 번째
선물….
칭

무슨 물질일…
까아아악!
욱
주
팟
츠
해피 뉴 이어~!
깽!
샤
끄윽….
덜덜
어, 너희들 안색이 별로인데… 멀미하니?

이렇게 흔들림 없는 기차에서 멀미라니… 그렇게 약해서야, 원!
쯧쯧
멀미 아니거든!
요즘 남학생들은 너무 약해서 탈이야.
쭙 쭙
쭙
왠지 불안한데…?
남자애들은 어떨 땐 너무 바보 같아.
쭙 쭙
아메바 같아. 단세포 수준의…
쪼오오옵
오빠도 예외는 아니라고~.
쪼오오옵
한 시간 후
한 시간 동안 그러고 있으니 행복하냐, 다세포 소녀 씨?
우이잉워~.
병 안 공기의 부피가 줄어서 압력이 늘어나 딱 붙었구나, 쯔쯔!

3화 해협을 넘어 돌리고, 돌리고~!

자, 이제 파리 여행을 끝내고 다른 곳으로 출발!
부아앙
휴, 겨우 뽑았다.
뽁
헉헉
다시는 이런 짓 안 할 거야….
어쨌거나 라부아지에는 100년에 한 번 나올까 말까 한 과학자였지.
아우아 웅앙우….
응? 무슨 소리야?
!
그건 라그랑주라는 유명한 수학자가 한 말이래.
헉! 겨운이 말을 어떻게 알아들었어?
난 엄마잖아~. 엄마 아빠는 가능해.

겨운이 너도 참 100년에 한 번 나올까 말까 한 철부지다. 입이 그렇게 붓는지도 모르고….
웅웅웅웅~!
입 다물랜다.
라부아지에는 51세라는 젊은 나이에 단두대에서 죽고 말았지.
어, 아직 할 실험이 많은데?
슈욱
라부아지에의 목을 치는 건 한순간이지만 앞으로 100년 동안 그와 같은 인물은 나오지 않을 것이다!
라그랑주
그럼 또 100년을 기다려야 하는 거예요?
맙소사! 기다리다 허송세월….
다행스럽게도 아니야. 바로 돌턴이라는 과학자가 등장했거든.
흐음, 반가워요.
하핫, 내가 틀렸나?
와우, 한글과 영어로 이루어진 이름이라니!
무슨 소리야?
?
멋진데?
턴(Turn)이 영어로 '돌다'라는 뜻이잖아. 그러니까 '돌~, 턴~', 딱 맞게 잘 지은 거지.
돌리고 돌리고~
까르르

그럼 뉴턴은 '새로(new) 돌다(turn)'라는 뜻이겠네?
겔 겔
아이고, 배야~!
쿠쿠
우리 가족 너무 썰렁해… 빨리 배나 타고 싶다….
!
배요? 배를 왜 타요?
밖을 좀 보렴.
우왕!
버스가 통째로 배에 타네!
부르릉
우리 지금 어디로 가는 건데요?
돌턴이 태어난 곳! 영국이지.

프랑스에서 영국으로 가는 거라면….
DFDS SEAWAYS
북해
아일랜드
영국
도버(칼레) 해협 약 35km
프랑스
영국과 프랑스 사이에 있는 바다를 건널 거야.
이렇게 육지 사이에 끼어 있는 좁은 바다를 해협이라고 하지.
영국에서는 '도버 해협', 프랑스에서는 '칼레 해협'이라고 불러.
와, 35km면 꽤 짧네. 마라톤 코스보다 짧은 거리잖아?
이제 부기가 좀 빠졌나? 말도 제대로 하고….
ㅋㅋ
칼레, 도버… 왜 이름을 따로 정한 거야? 복잡하게시리.
그냥 합쳐서 '칼도 해협'이라고 부르지!
주우욱
워어메에~!
!

또 이동 한다으아아 으아~!
난 또 무슨 죄야~!
어우, 시간 이동에는 무슨 비밀이 있는 게 분명해.
그 원인을 반드시 알아내겠어!
알아내면 난 제발 좀 빼 줘….
그런데… 여기는 어디지?
버스 안이 아닌 것만은 확실해.
탈 탈 탈
?
어, 웬 꼬마가….
?
잠깐 말 좀 물을게. 여긴 어디니?
응?
어디긴, 우주 속 지구 안에 있는 영국 북서쪽 컴벌랜드주의 우리 집 하고도 바로 내 방이지.
여, 영국!
복장을 봐서는 17~18세기쯤 되어 보이는데….

나도 말 좀 묻자.
헉! 나한테? 뭘?
너도 이 양말이 회색이 아닌 붉은색으로 보이니?
회색? 무슨 소리야. 당연히 붉은색이잖아.
난 회색으로 보이는데….
개는 붉은색을 볼 수 없음.
지금으로부터 약 1시간 전
엄마, 생신 축하 드려요! 선물 받으세요~!
세상에, 돌턴! 엄마를 위해 선물을 준비한 거니?
어머나, 예쁜 붉은색 양말이로구나. 고맙다, 돌턴!
어, 이상하다. 난 회색이라서 샀는데….
무슨 말이야. 이게 회색이라고?
농담도 잘하셔~. 절 놀리시는 거 알지만 생신이니까 특별히 봐 드릴게요, 킥킥!
!
돌턴… 이 양말이 정말 회색으로 보이니…?
끄덕

내 눈엔 분명히 회색으로 보인단 말이야! 모두 날 속이고 있는 거야, 그렇지?
아닌데….
나가서 다른 사람들에게도 물어보겠어! 뭔가 있어! 궁금해!
후다닥
야! 네 방에 갑자기 나타난 난 안 궁금해?
형! 이게 무슨 색이야?
뭐야 지금 장난해?
니 코피 색깔을 보면 알 거다
불 끈
아저씨! 이게 무슨 색으로 보여요?
붉은색.
아줌마! 이게 무슨…!
붉은색.
난 이게 다 몰래카메라인 줄 알았어… 사람들이 날 속이는 게 아니었어….
내 눈이… 내 눈이 이상한 게 확실해….
왈!
넌 나랑 같구나. 반갑다!
만화잖아 걍 넘어가!
이 시대에 몰카라니 이상하잖아요

혹시 너…
색맹 아냐…?
훌쩍
흑흑…
그런가 봐.
반갑다고 하는데
왜 울어?
나는 기필코
과학자가 되어
색맹에 대해 연구할
거야! 그래서
나 같은 사람들을
돕겠어!
불끈
좋은
생각이야.
아우~
친구야, 나랑
맨체스터에
가자!
뭐, 맨체스터?
박지성이 뛰었던 곳?
왜 갑자기?
나는 왜?
탁
박지성이 누군지는
잘 모르겠지만
맨체스터 대학교에
입학해서 연구할 테야!
반드시!
잠깐, 넌 내
이름도 모르잖아!
사교적이어도 너무
사교적인 거 아냐?
그게 뭐가
중요해!
팟
헉,
여기는?

?
슥
이크!
팍
아! 그래, 이제 왔니? 어서 오렴! 오늘 오기로 한 수강생이구나!
네? 수… 강생요?
내 이름은 돌턴이라고 한다. 지금 색맹에 대해 연구하고 있지.
내가 붉은색과 녹색을 구별하지 못하는 적록 색맹이거든.
누군가 수업을 받으러 오기로 한 모양이네.
잠깐… 색맹이라면? 아까 본 아이는 어린 돌턴, 지금은… 어른 돌턴인 거야?
뭐야, 지금 시간 이동을 투 콤보로 한 거야?
돌리고 돌리고~
그런데… 색맹을 구분하는 방법을 찾기가 참 어렵구나….
이… 이건!
그래, 색맹표를 만들어 볼까 하는데 색 지정이 너무 어려워서 완성을 못 하고 있단다.

12! 53!
재미있다!
이건?
색맹표라면
신체검사할 때 봤던
그거…?
아! 그래, 마침
휴대전화로 색맹
검사표 사진을
찍어 놨었지.
지금…
뭘
하려는
거야?
지금… 뭘
보는 게냐?
돌턴 선생님!
물감, 붓, 종이
좀 빌릴게요!
?
어… 어디
가는 건데?
금방
돌아올게요!
퐁
이봐,
무슨 짓을
하려는
거야?
30분 뒤
뭘 하고 온 거니?
헉
헉
쿵
이 색맹 검사표로
시험해 보시는 게
어때요?
오오,
이건…!

❶

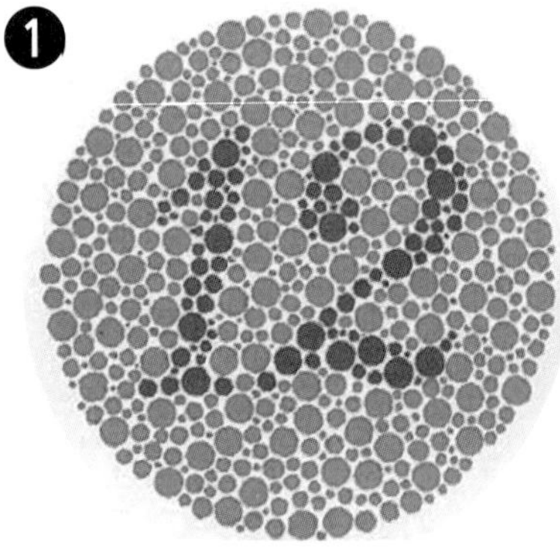

정상인과
색각 이상자(색맹자)
모두 12로 읽는다.

❷

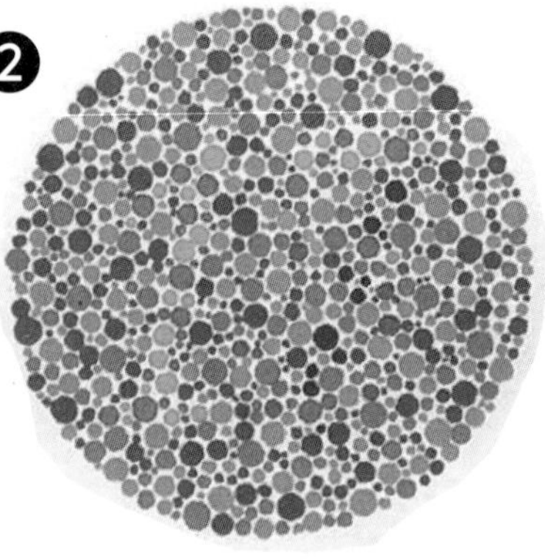

정상인은 15,
적록 색맹자는
구분을 하지 못한다.

❸

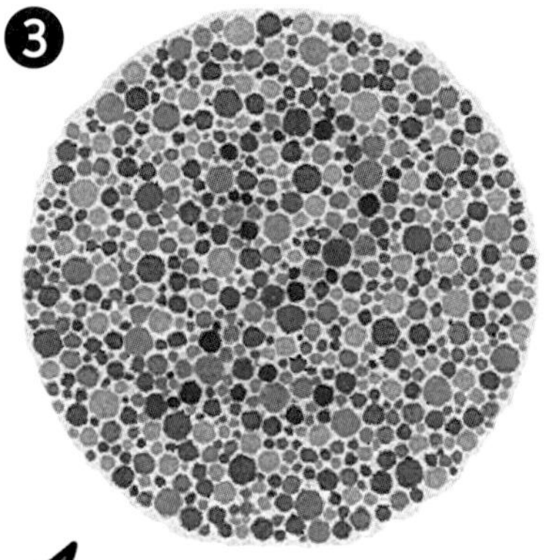

정상인은 2,
적록 색맹자는
구분을 하지 못한다.

❹

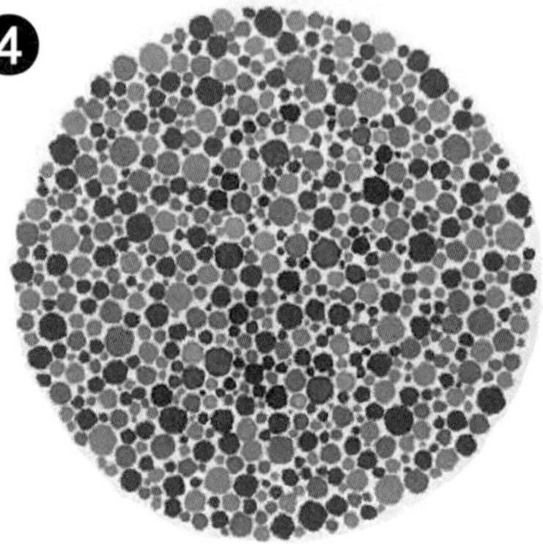

정상인은 5,
적록 색맹자는
2로 읽는다.

보이는 숫자를 한번 읽어 보세요.
첫 번째는 12! 그다음 둘은 잘 모르겠어… 마지막은 2!
그나저나 넌 어느 학과 학생이냐? 정말 대단해!
네? 저… 저는….
서, 선생님은 원자론에 대해 연구하셨다면서요?
역시… 보통 학생이 아니군! 그래, 맞다. 연구했었어!
이 세상의 물질들이 무엇으로 이루어져 있는가… 는 인류 최고의 질문이라 할 수 있지!
뭐… 물질을 이루고 있는 가장 작은 입자는 쿼크와 힉스와….
이제 그만 좀 발설해!
쿼크? 힉스? 그게 뭐냐? 딸꾹질 소리 같기도 하고….

혹시 프랑스의 라부아지에라고 들어 봤니?
샤
방
기억 나지?
그럼요, 라부아지에 하면 '질량 보존의 법칙'이죠!
하 하 하
오! 역시
자신감 충만
화학 반응이 일어나기 전과 일어난 뒤의 질량은 변함없이 보존된다는 법칙이잖아요!
하하
내가 잘 가르쳤군
오~! 대단한데?
그리고… 프랑스 과학자 프루스트는 '일정 성분비의 법칙'을 발표했어.
일정 성분비…? 그게 뭐죠, 먹는 건가요?
푸르스름?
일정 성분비의 법칙이란 화합물이 항상 같은 질량비를 가지고 있다는 이야기야.
예를 들면~.
질량 1만큼의 수소에 대해서는 언제나 질량 8만큼의 산소가 반응해 물이 생긴다.*
탕
산소 8
수소 1
컥!
물

* 실제로는 산소 원자 1개와 수소 원자 2개가 반응해 물 분자를 만듭니다. 위는 질량비가 쉽게 이해되도록 질량만을 표현한 그림입니다.

하하! 내가 좀 커졌지?
수소 2.5
만약 물에서 수소 원자가 차지하는 질량이 2.5로 늘어나면,
산소 원자가 차지하는 질량은 20이 되어,
2.5×8=20
쿵
산소 20
수소 2.5
꽥!
나도!
수소:산소의 질량비는 언제나 1:8이 된다는 거지.
8
1
그렇군요!
그리고 또! 로버트 보일은 모든 물질이 아주 작은 입자로 이루어져 있다는 사실을 알아냈어.
지글
화
악
킥킥!
질량 보존의 법칙
입자설
일정 성분비의 법칙
그런데 갑자기 왜 그런 이야기를 하시는 거예요?
스윽
이런 사실들을 총정리해서 내가 내린 결론이 바로 '돌턴의 원자론'이거든!
샤
두
둥
돌턴의 원자론!

나, 돌턴이 주장하는 원자론은 다음과 같다!
츠팟!
첫째, 모든 물질은 원자라고 하는 더 이상 쪼갤 수 없는 작은 입자들로 구성되어 있다.
쩌걱
난 소중하니까~.
쪼개지지 않아요.
둘째, 같은 원소의 원자들은 크기, 질량, 성질이 같으며 다른 원소의 원자들은 크기, 질량, 성질이 각각 다르다.
수소 원자
산소 원자
오잉?
원자의 종류가 같아도 질량이 다른 동위원소가 있는데….
아니, 그런 건 없어!
셋째, 화학 반응에서 원자는 위치만 바뀔 뿐 다른 원소의 원자로 바뀌거나 없어지지 않는다.
이상하다? 핵융합으로 새로운 원자를 만들 수 있다고 들었는데?
끝까지 들엇!
마지막으로, 서로 다른 원자들이 일정한 비율로 모여 새로운 물질을 만든다.
철
황
황화철

제가 보기에는 마지막 거 하나만 맞는 것 같은데요?
끄응
그래, 그래! 네가 다 해 먹어라!
뿌엑
미… 미안. 내가 잠깐 흥분했구나.
실은 너의 반론은 당연한 거야. 너처럼 끝없는 질문 속에서 이 우주를 탐구하는 것이 과학자가 할 일이지.
아니에요. 이렇게 정리하신 것만 해도 대단한 일이죠….
데모크리토스가 원자론을 생각만으로 만들어 냈다면,
나의 원자론은 실험으로 증명해서 나온 거란 말씀!
오… 우리 땐 실험이 별로 중요하지 않았는데 시대가 바뀌었나 보군.
실험을 다… 했다고요?
그래, 이리 와 보거라.
슥

와, 이 도구들 좀 봐!
난 원자론이 맞다는 것을 뒷받침하는 실험을 끊임없이 해 왔단다.
그래서 결국 알아낸 게 있어.
뭔데요?
예를 들어… 하나는 일산화탄소, 또 하나는 이산화탄소인데 말이다.
일산화탄소는 CO, 이산화탄소는 CO2라고 한다면…
CO
CO2
각각의 탄소에 결합하는 산소의 질량비는 1:2가 성립하지.
C O
C O O
CO
CO2
O=1
O=2
1 : 2
그게 뭘 뜻하는 건데요?
1:1.5나 1:2.3이 아닌 1, 2, 3처럼 정수로 딱 떨어진다는 이야기야!
A =12g
B =16g
A B
12 16
A B B
12 32
B=16
B=32
16 : 32 = 1 : 2
진짜네?

이걸 바로 '배수 비례의 법칙'이라고 한단다!
칭
잠깐만요… 탄소나 산소를 표기하는 원소 기호도 선생님이 만드셨어요?
CO_2
H_2O
?
아니, 예를 들면 그렇다는 거지!
그때는 원소 기호
없었어. 현재에 맞
표현하려니까
원소 기호를 쓴 거
Simple
1 2 3 4 5 6 7 8
9 10 11 12 13 14 15 16
17 18 19 20
Binary
21 22 23 24 25
Ternary
26 27 28 29
Quaternary
30 31 32 33
Quinquenary & Sextenary
34 35
Septenary
36 37
하지만 내 방식대로 기호를 생각해 내긴 했어. 언젠가는 이런 기호가 문자로 변할 날이 오겠지.
어쨌거나 꼬마야, 너 참 대단하구나. 마음에 쏙 들어.
뭘 이 정도 쯤이야
척
이거… 내가 정리한 기호들인데 네게 주마.
네, 감사합니다!
언제든 놀러 와~.
네….

어?
얘가 그새 어디 갔지?
슈악
죄송합니다, 선생님. 수업에 좀 늦었습니다!
어, 뭐라고?
네…?
?
그럼 아까 걔는 누군데?
하여간…
슉
돌턴의 원자론은 틀린 데가 많아.
오물 오물
그래도 의미는 크잖아요….
그래.
돌턴은 원자를 더 이상 쪼갤 수 없는 입자라고 얘기했지만, 과학자들은 더 작은 입자들이 모여 원자를 이룬다는 사실을 알아냈지.
양성자
쿼크
원자핵
원자

또 같은 원소의 원자들은
크기, 질량, 성질이 같고
다른 원소의 원자들은
다르다고 했거든.
하지만 같은 종류더라도 서로
질량이 다른 원자가 존재해.
이걸 '동위원소'라고 하지.
수소의 동위원소
양성
중성
전자
수소
중수소
삼중수소
마지막으로 화학 반응이
일어날 때 원자는 만들어지거나
없어지지 않고 다른 종류로
바뀌는 일도 없다고 했는데…
삼중수소
중수소
헬륨
중성자
에너지
핵융합이
일어나면 원자가
바뀌거나
새로운 원자가
만들어지기도
하죠!
그러췌~
수소가 모여서
헬륨이 되는
것처럼 말이지?
후욱
우왕~, 겨운이 짱!
어쨌거나 돌턴이
너무 많이 틀렸네.
훅~!
하지만 원자론을
총정리한 업적은
인정해 줄 만하지?
우우웅
틀리고,
틀리고,

돌턴의 원자론 덕분에
이후의 과학자들이
더 많은 원자의 특성을
알아냈거든.
더 새로운 것이 보인다!

게다가 원자의
생김새도 확실히
밝혀냈고…!
후욱

결국 '양자역학'이
탄생하게 된
계기가 된 거야!
드디어
양자역학….
웬
진지
모드?
또,
또…!
퍽

4화 새콤달콤 허니머스터드… 비빔밥?

기이이잉
내가 유럽 여행 중에 겪은 일이… 실제였을까?

웃는 철학자 데모크리토스….

물을 100일간이나 끓이고 있었던 라부아지에…
부글부글

색맹이었던 돌턴까지…

우흐하호 흐히헷!
도대체 왜 시간 이동을 하게 된 거지?
알 라부~, 아지메에에에!
슝
슈 우 웅
만나고 싶다면 누구나 만날 수 있는 건가?
아무도 내 말을 믿어 주지 않을 거야. 그럼 난 평생 외톨이…?
현실로 돌아오는 이유는 대체 뭐지?
만약 현실로 돌아오지 못하면 과거에 영원히 갇혀 살아야 하나?
돌~, TURN!
아, 아… 안 돼!
콰 악
…….
왜, 왜 그러니, 다운아?
위 잉
헐~!
부르르
머… 멀미가 나서요.
토할 것 같으면 이걸 쓰렴.
네? 네….
위생 봉투

힘든 경험도 겪어야
여행의 참맛을 알지.
아빠도 시간 이동 몇 번 해 보세요. 그 말이 나오나….
아웅~, 이왕이면 이탈리아 베네치아에 들러 운하나 건축물도 보고 미술관도 가면 좋았을걸.
아… 이탈리아를 좋아했지?
미안하오, 여보. 다음 여행 때 꼭 이탈리아에 들러 관광을 합시다.
고마워요, 여보.
그래도 덕분에 잘 구경했어….
끅, 엄마 숨 막혀 나 존중해 줘…
잠깐 잊고 있었어… 다음엔 꼭 가야지.
뚜벅 뚜벅
독신남
툭
!
무슨 요리를 드시겠습니까? 비빔밥과 스테이크가 있습니다.
배고프다
슥
음식 앞에서 금세 정신 못 차리는 거 봐라, 저거
헤… 비빔밥 주세용.

전 스테이크 주세요.
전 비빔밥 먹을게요.
저도 비빔밥으로요.
킁킁
이건 고문이야! 왜 난 짐칸에서 가야 하는 건데? 동물권 침해라고!
아오오~!
4원소설!
원소!
원자론!
쩝
쩝
쩝
아빠, 원자와 원소의 차이가 뭐예요? 정확하게 잘 모르겠어요.
물질을 이루는 기본 단위를 원자, 원자의 종류를 원소라고 해.
쩝
쩝
더 모르겠는데요….

사과 2개, 배 3개, 감 5개가 있다고 해 보자.
원자와 원소의 개념을 예를 들어 설명해 볼게.
나, 사과 먹을래!
탁
건드리지 마! 설명하고 있잖아!
사과에 독 들었다. 먹지 마라….
헉, 알았어~. 난 백설공주의 미모를 지녔으니까….
…….
샤
여기서 사과, 배, 감을 각각 사과 원자, 배 원자, 감 원자라고 치면…
사과 원자 2개, 배 원자 3개, 감 원자 5개가 있는 거지.
1 2 1 2 3 1 2 3 4 5
하지만 종류로 나누면 사과, 배, 감, 이렇게 세 종류지? 각각의 종류를 원소라고 하면…
사과 원소, 배 원소, 감 원소. 이렇게 모두 세 종류의 원소가 있다고 할 수 있지.
1 2 3
!

음… 물은 수소 원자와 산소 원자로 이루어져 있잖아요?
O
H
H
그렇지.
그럼 물을 구성하는 원소는 산소와 수소이고,
O
H H
산소
수소
산소 원자 1개와 수소 원자 2개로 되어 있다고 하면 되겠네요?
O
H H
1
1 2
그렇지, 정확하게 이해했어! 그게 바로 원소와 원자의 차이지! 그래설라무네 어쩌고저쩌고….
쭈욱
!
텁
우엑, 맛이 왜 이래!
흐흐, 한식의 세계화 모르세요? 허니머스터드 비빔밥이라구요~. 제가 좀 섞어 봤어요.

고추장만 넣어야 한다는 편견을 버리라구요.
쩝
쩝
우웩!
맛 진짜 이상하다.
우
웅
으악, 스크류형 이동! 방법까지 이상해~!
쓰 옹 쓰 옹
짐칸보다 차라리 시간 이동이 낫군.
1869년 러시아 상트페테르부르크 대학교
하핳! 그래도 몇 번 했다고 좀 적응이 되는 것 같네.
벌떡
벌떡

드르렁~,
음냐!
헉! 저 노숙자는 누구?
그래, 그거야!
벌떡
깜짝
잉? 누구냐, 넌?
네... 저, 저는 ...
처… 청소부입니다! 여길 청소하러 왔어요.
우왕~! 이제 변명도 잘 해요.
착
샤
청소부? 대학에서 별걸 다 신경 쓰는구나. 청소부를 다 고용하고….

내 방은 이게 정상이야. 청소를 하면 오히려 뒤죽박죽돼.
헐, 진짜 지저분하다….
지금 아주 중요한 꿈을 꿨거든? 집중해야 하니 방해 말고 나가라!
휘이 휘이
꾸… 꿈이요?
꿈속에서 내가 그토록 만들고 싶어 하던 원소들의 표를 보았지.
내 자리는 어디야?
K
Ca
P
B
줄 맞춰!
정렬!
F
W
원소들의 표라구요?
Ti
N
R
Rn
O
Pb
4년 전쯤 독일의 화학자 케쿨레 선생님도 뱀이 자신의 꼬리를 물고 도는 꿈을 꾸고 아주 중요한 발견을 하셨지.
뱀 꿈이면 태몽… 아닌가요?
떡두꺼비 같은 딸을 낳을 징조!
사모님께서 임신을…

케쿨레 선생님은 자신이 꾼 뱀 꿈에서 벤젠이라는 화합물의 구조를 발견했어.
그럼 선생님도 지금 태몽… 아니 뱀 꿈을 꾸신 거예요?
아니, 나는 원소들의 표를 봤다고 했잖냐!
7 원소3 6
원소1 5 원소2
8 원소4
?
표?
착
어쨌거나 꿈에서 본 것을 잊어버리기 전에 표를 만들어야겠다.
슥슥
이건 넣고, 이건 빼고….
슥 슥
한참 뒤
이건 위로, 이건 아래로….
쿨~!
다 됐다!
정말요?
팍

ОПЫТЪ СИСТЕМЫ ЭЛЕМЕНТОВЪ.
ОСНОВАННОЙ НА ИХЪ АТОМНОМЪ ВѢСѢ И ХИМИЧЕСКОМЪ СХОДСТВѢ.
Ti=50 Zr=90 ?=180.
V=51 Nb=94 Ta=182.
Cr=52 Mo=96 W=186.
Mn=55 Rh=104,4 Pt=197,4.
Fe=56 Rn=104,4 Ir=198.
Ni=Co=59 Pl=106,6 O-=199.
H=1 Cu=63,4 Ag=108 Hg=200.
Be=9,4 Mg=24 Zn=65,2 Cd=112
B=11 Al=27,4 ?=68 Ur=116 Au=197?
C=12 Si=28 ?=70 Sn=118
N=14 P=31 As=75 Sb=122 Bi=210?
O=16 S=32 Se=79,4 Te=128?
F=19 Cl=35,5 Br=80 I=127
Li=7 Na=23 K=39 Rb=85,4 Cs=133 Tl=204.
Ca=40 Sr=87,6 Ba=137 Pb=207.
?=45 Ce=92
?Er=56 La=94
?Yt=60 Di=95
?In=75,6 Th=118?
Д. Менделѣевъ
이거다! 바로 원소 주기율표!
원소 주기율표라면….
그럼, 멘델레예프 선생님이신가요?
하긴 오늘 처음 온 청소부면 내가 누군지 모르겠구나.
그럼 여긴 러시아!
어쨌거나 수많은 학자들이 원소의 성질을 이용한 표를 만들려고 했지만~!
앗싸
내가 만든 게 가장 과학적이라는 거~!
가오리
합
헙!
러시아 민속춤
쌉 쌉!
그런데… 내가 본 원소 주기율표는 이것보다 훨씬 복잡하고 원소의 종류도 많았는데….
또, 또! 발설하는 버릇은 여전!
무슨 소리냐? 지금까지 발견된 원소는 여기에 나와 있는 63종류가 다인데!

원소 기호 · 원자 번호 · 원소 이름

주기 \ 족	1	2	3	4	5	6	7	8	9	10	11	12	13	14	15	16	17	18
1	H 수소 1																	He 헬륨 2
2	Li 리튬 3	Be 베릴륨 4											B 붕소 5	C 탄소 6	N 질소 7	O 산소 8	F 플루오린 9	Ne 네온 10
3	Na 나트륨(소듐) 11	Mg 마그네슘 12											Al 알루미늄 13	Si 규소 14	P 인 15	S 황 16	Cl 염소 17	Ar 아르곤 18
4	K 칼륨(포타슘) 19	Ca 칼슘 20	Sc 스칸듐 21	Ti 타이타늄 22	V 바나듐 23	Cr 크로뮴 24	Mn 망가니즈 25	Fe 철 26	Co 코발트 27	Ni 니켈 28	Cu 구리 29	Zn 아연 30	Ga 갈륨 31	Ge 저마늄 32	As 비소 33	Se 셀레늄 34	Br 브로민 35	Kr 크립톤 36
5	Rb 루비듐 37	Sr 스트론튬 38	Y 이트륨 39	Zr 지르코늄 40	Nb 나이오븀 41	Mo 몰리브데넘 42	Tc 테크네튬 43	Ru 루테늄 44	Rh 로듐 45	Pd 팔라듐 46	Ag 은 47	Cd 카드뮴 48	In 인듐 49	Sn 주석 50	Sb 안티모니 51	Te 텔루륨 52	I 아이오딘 53	Xe 제논 54
6	Cs 세슘 55	Ba 바륨 56	란타넘족 57-71	Hf 하프늄 72	Ta 탄탈럼 73	W 텅스텐 74	Re 레늄 75	Os 오스뮴 76	Ir 이리듐 77	Pt 백금 78	Au 금 79	Hg 수은 80	Tl 탈륨 81	Pb 납 82	Bi 비스무트 83	Po 폴로늄 84	At 아스타틴 85	Rn 라돈 86
7	Fr 프랑슘 87	Ra 라듐 88	악티늄족 89-103	Rf 러더포듐 104	Db 두브늄 105	Sg 시보귬 106	Bh 보륨 107	Hs 하슘 108	Mt 마이트너륨 109	Ds 다름슈타튬 110	Rg 뢴트게늄 111	Cn 코페르니슘 112	Nh 니호늄 113	Fl 플레로븀 114	Mc 모스코븀 115	Lv 리버모륨 116	Ts 테네신 117	Og 오가네손 118

La 란타넘 57	Ce 세륨 58	Pr 프라세오디뮴 59	Nd 네오디뮴 60	Pm 프로메튬 61	Sm 사마륨 62	Eu 유로퓸 63	Gd 가돌리늄 64	Tb 터븀 65	Dy 디스프로슘 66	Ho 홀뮴 67	Er 어븀 68	Tm 툴륨 69	Yb 이터븀 70	Lu 루테튬 71
Ac 악티늄 89	Th 토륨 90	Pa 프로트악티늄 91	U 우라늄 92	Np 넵투늄 93	Pu 플루토늄 94	Am 아메리슘 95	Cm 퀴륨 96	Bk 버클륨 97	Cf 캘리포늄 98	Es 아인슈타이늄 99	Fm 페르뮴 100	Md 멘델레븀 101	No 노벨륨 102	Lr 로렌슘 103

지금 주기율표는 이런 모습인데 예전에는 많이 달랐네.

영국의 돌턴 선생님이 원자론을 발표한 이후 여러 가지 원소들이 발견됐지.
샤방!
아는 척하지 말자….
잘 생각했어.
그럼 지금까지 발견된 원소는 모두 63종류라는 건가요?
그렇다.
원소들을 원자량 순으로 배열해 보면 성질이 비슷한 원소들이 주기적으로 나타나지.
!

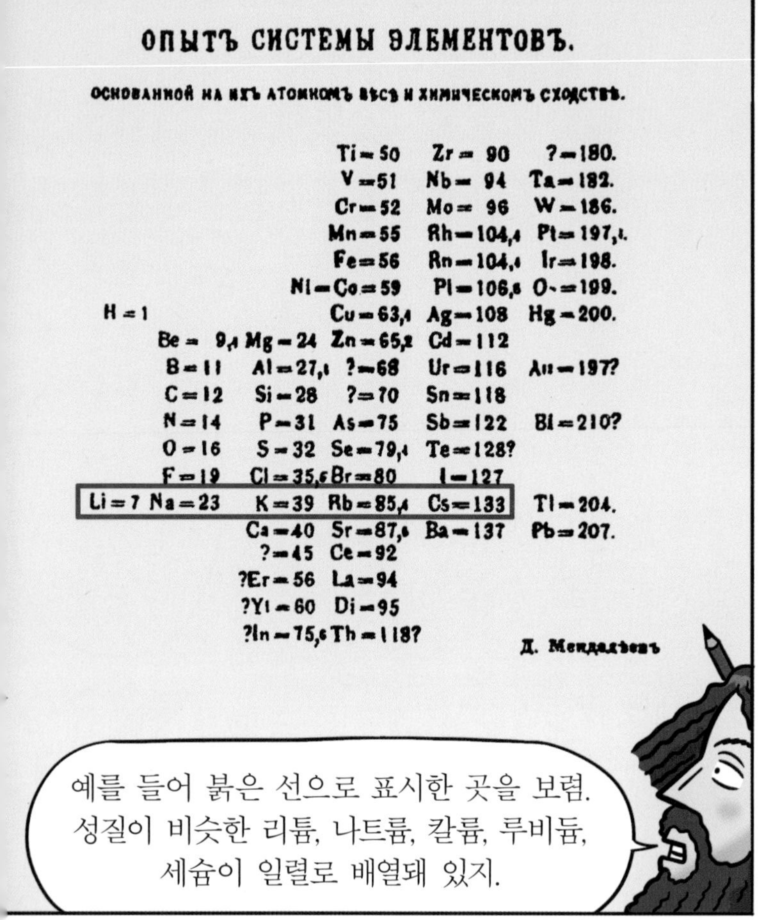

ОПЫТЪ СИСТЕМЫ ЭЛЕМЕНТОВЪ.

ОСНОВАННОЙ НА ИХЪ АТОМНОМЪ ВѢСѢ И ХИМИЧЕСКОМЪ СХОДСТВѢ.

			Ti=50	Zr=90	?=180.
			V=51	Nb=94	Ta=182.
			Cr=52	Mo=96	W=186.
			Mn=55	Rh=104,4	Pt=197,4.
			Fe=56	Rn=104,4	Ir=198.
			Ni=Co=59	Pl=106,6	Os=199.
H=1			Cu=63,4	Ag=108	Hg=200.
	Be=9,4	Mg=24	Zn=65,2	Cd=112	
	B=11	Al=27,4	?=68	Ur=116	Au=197?
	C=12	Si=28	?=70	Sn=118	
	N=14	P=31	As=75	Sb=122	Bi=210?
	O=16	S=32	Se=79,4	Te=128?	
	F=19	Cl=35,5	Br=80	I=127	
Li=7	Na=23	K=39	Rb=85,4	Cs=133	Tl=204.
		Ca=40	Sr=87,6	Ba=137	Pb=207.
		?=45	Ce=92		
		?Er=56	La=94		
		?Yt=60	Di=95		
		?In=75,6	Th=118?		

Д. Менделѣевъ

예를 들어 붉은 선으로 표시한 곳을 보렴.
성질이 비슷한 리튬, 나트륨, 칼륨, 루비듐, 세슘이 일렬로 배열돼 있지.

그런데 선생님의 주기율표는 뭔가 정돈이 안 된 것 같아요.
헙!

샤
그, 그럼 이건 어떠냐?
슥
슥
슥
헤

	Gruppe I. — R^2O	Gruppe II. — RO	Gruppe III. — R^2O^3	Gruppe IV. RH^4 RO^2	Gruppe V. RH^3 R^2O^5	Gruppe VI. RH^2 RO^3	Gruppe VII. RH R^2O^7	Gruppe VIII. — RO^4
1	H = 1							
2	Li = 7	Be = 9.4	B = 11	C = 12	N = 14	O = 16	F = 19	
3	Na = 23	Mg = 24	Al = 27.3	Si = 28	P = 31	S = 32	Cl = 35.5	
4	K = 39	Ca = 40	— = 44	Ti = 48	V = 51	Cr = 52	Mn = 55	Fe = 56 Co = 59 Ni = 59, Cu = 63.
5	(Cu = 63)	Zn = 65	— = 68	— = 72	As = 75	Se = 78	Br = 80	
6	Rb = 85	Sr = 87	?Yt = 88	Zr = 90	Nb = 94	Mo = 96	— = 100	Ru = 104, Rh = 104, Pd = 106, Ag = 108.
7	(Ag = 108)	Cd = 112	In = 113	Sn = 118	Sb = 122	Te = 125	J = 127	
8	Cs = 133	Ba = 137	?Di = 138	?Ce = 140	—	—	—	— — — —
9	(—)	—	—	—	—	—	—	
10	—	—	?Er = 178	?La = 180	Ta = 182	W=184	—	Os = 195, Ir = 197, Pt = 198, Au = 199.
11	(Au = 199)	Hg = 200	Tl = 204	Pb = 207	Bi = 208	—	—	
12	—	—	—	Th = 231	—	U = 240	—	— — — —

나중엔 이렇게 만들 거란다.
네, 이제 좀 낫네요
실은 2년 후인 1871년에 만든 주기율표임.
만화니까 따지지 마

여기 비어 있는 곳이 보이지?
7 (Ag = 108) 8 Cs = 133 Cd = 112 9 Ba = 137 10 (—) 11 (Au = 199) ?Er 12 Hg = 200 Tl
네.
언젠가 발견될 원소들이 들어갈 자리야. 내 후손들이 분명 이 칸을 채울 거다!
음… 멘델레예프의 주기율표를 보고 후대 과학자들이 더 많은 원소를 예측, 발견한 거군.
채워라 빈칸
꼬마야, 넌 꿈이 뭐냐? 세계 최고의 청소부냐?
아뇨? 아니에요!
제 꿈은 과학자예요!
팟
촥
어허, 그럼 이럴 때가 아니지! 어서 가서 공부하거라!
으윽, 여기서도 공부!
척
이걸 받거라. 내가 쓴 논문의 복사본이다.
네게 도움이 되었으면 좋겠구나.

어우, 가려워.
긁적 긁적
으엑, 더러웟!
난 이제 가 보련다. 오늘은 1년에 한 번 있는 이발하는 날이거덩. 책상은 그대로 두렴!
1년에 한 번?
우아 아악!
깨애 애앵!
츠 파 라 밥
우웅
1869년 멘델레예프가 원소 주기율표를 만들 때만 해도 원소의 개수는….
63개 였죠….

방금 보고 왔으니 당연히 알죠….
오~, 굿잡!
그럼 지금은 몇 개예요?
지금은 118개야. 또 어디선가 새로운 원소가 발견되고 있을지 몰라.
우웅
우앙, 118개! 멘델레예프 때보다 거의 두 배나!
여기서 유머.
하지 마.
하지 마!
엄마, 엄마, 나랑 같이 주기율표 맨들래?
옙!
하지 마~!
자작 썰렁 유머에 스스로들 만족하고 있다… 맨들래옙이라니….
까르르
짝
짝

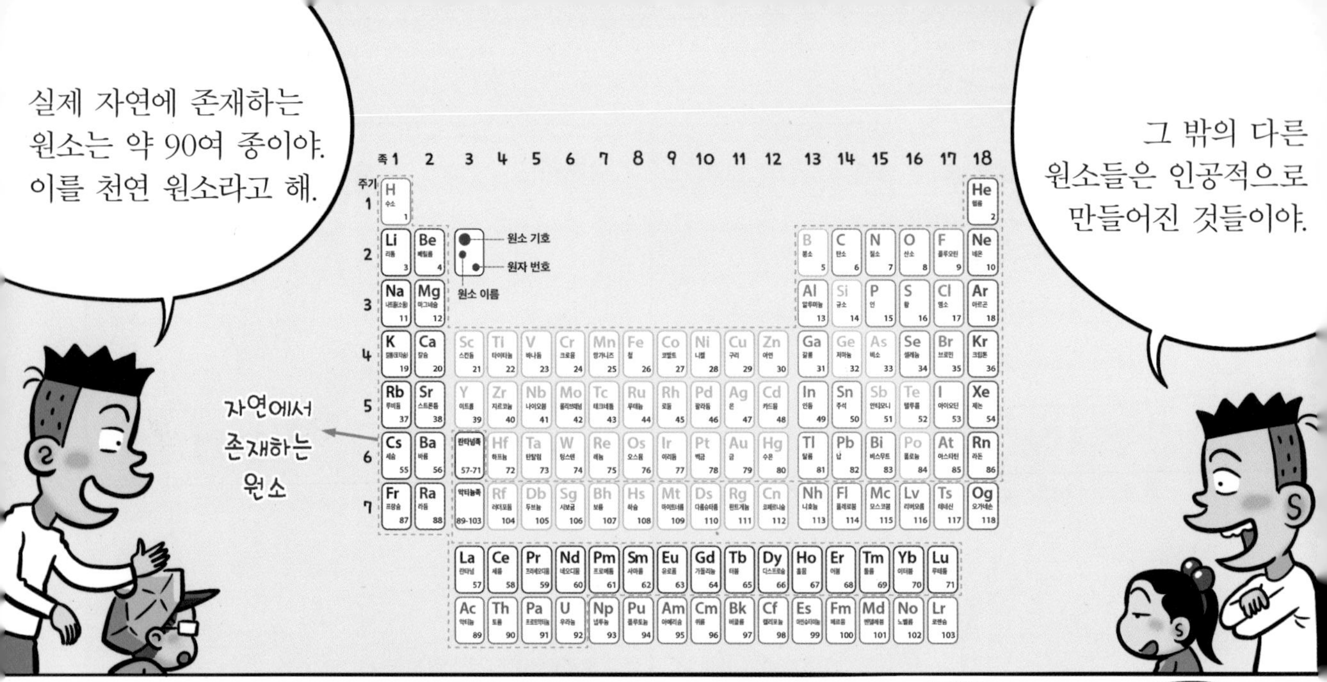
실제 자연에 존재하는
원소는 약 90여 종이야.
이를 천연 원소라고 해.
원소 기호
원자 번호
원소 이름
자연에서
존재하는
원소
그 밖의 다른
원소들은 인공적으로
만들어진 것들이야.

멘델레예프가
주기율표를
발표했을 때
사람들의 반응은
차가웠어.
멘델레예프 주기율표
비어 있는 표라니
상상력이 너무
풍부한 것 아냐?
허무맹랑한
사람이로구만~.
아니,
분명 발견될
거라고!

아니나 다를까 1875년 갈륨이
발견됐고,
31 Ga

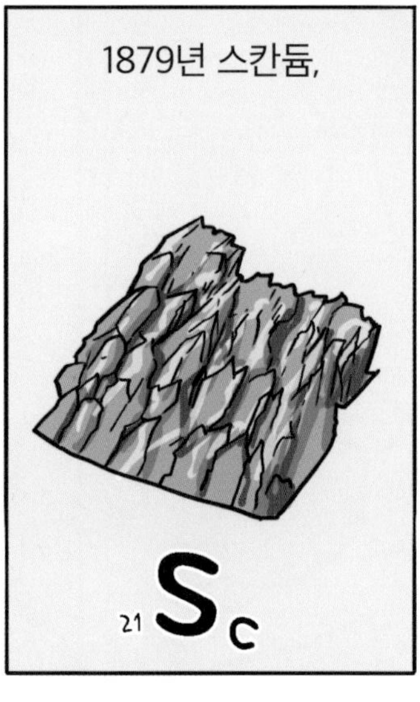
1879년 스칸듐,
21 Sc

1886년 저마늄이
발견됐는데…
32 Ge

그 원소들의 성질이 멘델레예프가 예측한 그대로였어.
이제 내 말을 믿느뇨?
믿씁니다!
그럼 그 후 원소들이 계속 발견돼서….
쿠오오
92번 우라늄까지 발견됐지.
더 중요한 건 이거야. 멘델레예프의 주기율표를 통해 원소들의 특성이 밝혀지기 시작했고,
오오, 이럴 수가!
이 물질은 두 가지 원소로 이루어졌군!
나중에 원자의 구조를 연구하는 데 중요한 계기가 됐지.
끙차!
양파 껍질 벗기듯!
슬슬 원자의 내부까지 들여다볼 때가 된 거네요~!
그래, 원자도 분명 무언가로 이루어진 거라고 추측하기 시작한 거야.

이제부터 과학자들은 원자의 성질과 모양에 대해 연구하게 돼.
이 열쇠도 아니고….
여기까지 어떻게 왔는데…!
원자의 비밀
반드시 밝혀내겠어!
원자의 세계를 설명할 수 있는 자연의 법칙이 있을 거라 믿으면서….
…….
…….
어우, 눈 아퍼.
눈에 너무 힘줬다.
한국, 인천공항

믹스, 수고했어! 답답했지?
끙!
비행기 원소에는 다양한 수하물 원자들이 있고…
우 우 웅
수하물 원자들 중에 동물 수하물 원자가 있으며…
동물 수하물 원자에는 '믹스'라는 명견 입자가 들어 있지.
비 틀
물질의 입자들도 나만큼 고단할까? 다시는 비행기 안 타! 홍알 홍알~!

5화
무지개 너머의 그녀
이곳은 서천 국립생태원 에코리움이란다. 오늘은 이곳에서 현장 학습을 할 거야.
시간 이동의 방아쇠가 되는 중요한 뭔가가 분명 있을 거야. 그걸 찾아야 해!
오~, 대박!
쩔어!
난 이곳을 안내할 선생님이야. 이름은 생대라고 해.
생대요?
이름 완전 웃겨!
생대
생대가 이름이면 성이 뭔데요?
고생대
슥
우와, 고생대!
그럼 중생대와 신생대 선생님은 어디 계세요?
하하… 참 재미있는 유머구나….

여기는 열대관이다.
쏴아
와, 멋지다!
고생대
지금 보는 물고기는 전기….
샤
저건 전기뱀장어 잖아요?
맞다. 전기뱀장어란다. 이 물고기는 남아메….
남아메리카의 아마존 강에 주로 살아. 몸길이는 약 2m!
무려 650~850V (볼트)의 전기를 만들어 낸다고!
말처럼 커다란 동물도 감전시킬 수 있지요.
그래, 그게 내가 하려던 말이다….
쟤 또 시작이다...
생각해 보자….
주로 뭘 먹다가 이동하는 경우가 많았지….
주우욱

그럼 밥이 문제인가?
생각하는 사람
하지만 한국에 돌아와서는 무사히 밥만 잘 먹고 다니는데?
한 그릇 더
얼쑤!
고생대 선생님! 전기를 만드는 물고기가 또 있나요?
오, 그래! 좋은 질문이다.
물론 있지. 전기….
전기메기랑 전기가오리가 있어!
샥
헐 깜짝!
전기메기는 아프리카의 강에 주로 살고
전기가오리는 우리나라에도 살아.
둘 다 400V가량의 전기를 내지.
너한테 안 물었는데…
맞죠, 제 말이?
그래….
자, 이제 밖으로 나가 볼까?
와, 말로만 듣던 황새를 보다니!

황새는….
천연기념물 제199호!
멸종위기 야생생물 1급!
샤
유럽에서는 계속 양식만 먹었더랬지! 그럼… 양식 먹을 때 시간 이동을?
하지만 비행기에서는 비빔밥을 먹고도 시간 이동을 했어! 우어어, 도대체 어떻게 된 거야?
크기는 100~115cm. 몸무게 5kg 정도….
난 뭐지….
게다가 칼레 해협에서는 아무것도 안 먹었는데 이동했다고!
재 좀 짜증나.
난 누군가? 또 여긴 어딘가! 저 멀리서 누가 날 부르고 있는 걸까?
무슨 노래 가사 같은데….
날개 가장자리와 부리는 검은색, 다리는 붉은색….
아, 머리 아파! 이제 그만!
치잉

와! 잘했다.
속이 다 시원하네!
짝 짝 짝
첫, 듣기 싫으면 귀를 막아! 왜 소리를 지르고 그래?
아니, 너한테 한 게 아니고
말하는 사람 민망하게 그렇게 쩌렁쩌렁…!
…….
찌
익
짝
짝
짝
와
와
…….
읍, 읍!
자, 모두 사막관으로 전진!
와
와
와, 이 선인장 좀 봐!
앗, 따가워!
엇, 조심!
응, 저건?
쏴
아

샤바랑~
흐흐!
와,
무지개다!
읍읍!
?
아!
끄덕
찌약
뽑!
살살 떼야지!
아프잖아!
아픈 만큼
성숙해지는
거야.

어쨌거나 아까 내가 소리친 건 너한테 한 게 아니라 두통 때문이었어.
오해하지 않았으면 좋겠어
두통? 지금은 괜찮아 보이는데?
쏴
아
아
아
무지개 덕분에 맑아졌어….
무지개는 빛의 혼합으로 생긴 아름다운 창작물이지. 빛은 예술가야….
너… 생긴 거답지 않게 스마트하네….
응, 내가 좀….
야, 내가 생긴 게 뭐가 어때서!

한편
캬아~, 역시 집이 최고야! 집 나가면 개고생~.
아 참, 난 원래 개지ㅋㅋ
저, 저… 자세에 표정 봐라~. 하여간 믹스 저 놈은 자기가 사람인 줄 알고 있어.
야, 믹스! 너 또 자?
헤~!
달달
또 한편
메에
사실은 쌍무지개가 더 좋아. 소원을 빌면 이루어진다고 하잖아.
너, 그런 미신을 믿어?
왜, 과학과 미신이 결합돼 있기 때문에 더 아름답지 않을까?
이 우주는 그런 모든 것이 섞여 있는…
거라구우우우우우….
꾸우욱

헤헤, 내가 너무 편히 지내나? 다운이에게 미안해지네.
꼬로록
푹 잤더니 슬슬 배가 고픈걸.
쭈우욱
방가, 방가~!
왈왈!
미안한 거 취소!
1672년 영국 케임브리지 대학교
슥 슥
역시 내 생각이 맞았어!

뭘 그리 혼자 중얼거리고 계세요?
슥
깜짝 궁뎅이 놀란 뺀스!
누, 누구냐, 넌!
잠깐… 책에서 많이 본 얼굴인데…?
아, 아이작 뉴턴!
샤방~.
톡
만유 인력 법칙
제 이름은 정다운이라고 하는데요, 선생님께서 워낙 명석한 분이라는 소문을 듣고 뭘 좀 여쭤 보려고….
그래? 내가 좀 많이 명석하긴 하지. 뭐가 궁금한데?
그… 그게… 아, 무지개요!

넌 참 운이 좋은 녀석이구나. 마침 빛에 대해 실험 중이었거든.
와! 프리즘으로 무지개를 만들 수 있어요?
그래, 이 프리즘에 빛을 통과시키면 빛이 여러 가지 색으로 나뉘지. 이게 바로 무지개란다.
신기하지 않니? 하얗게 보이는 태양 빛 속에 이렇게 많은 색이 들어 있다니….
햇빛
프리즘
적외선 영역
자외선 영역
무지개가 뜨는 건 하늘에도 프리즘이 있다는 소린데….
말 돼.
말이 안 되잖아.
배고파

공기 중의 물방울이 프리즘 역할을 하거든.
혹시 하늘의 물방울들은 요렇게 생겼나요?
독특한 발상이긴 하다만, 아니다.
둥근 구 형태의 물방울에 빛이 굴절돼서 생기는 거다!
굴절? 관절이 골절되면 기절~!
뼈가 아니라 빛이 꺾이는 거라고!
아!
빛이 공기에 떠 있는 물방울 속을 지날 때 굴절되는데, 굴절되는 정도에 따라 색이 달라지지.
빛의 굴절
빛의 반사
물방울
보라
빨강
보라
빨강
앗
눈 부셔

빛을 분해해서 색깔별로 배열한 그림을 '스펙트럼'이라고 해.
빨강 주황 노랑 초록 파랑 남색 보라
그런데 수소, 헬륨, 나트륨 같은 특정 원소들을 태울 때 나오는 빛은 이어져 있지 않고 띄엄띄엄 나온단다.
나트륨
리튬
스트론튬
아연
이런 것을 선 스펙트럼이라고 해.
선이 띄엄띄엄 떨어져 있기 때문에….
아, 빛 속에 색들이 숨어 있었다니요~, 내숭쟁이♥
배고파….
뭐냐 그 오글거리는 언행은…
!
꼬로록
야! 분위기 깰래?
화나는 건 나야.. 여기 오고 싶지도 않았다고!
으르르

헉,
빛의 속력!
확
탁
어,
그건….
나, 남의
집에 와서는
무슨 짓이야,
믹스!
억지로 끌려온
몸인데 이거라도
챙겨야지. 과자 정도는
이해해 주겠지?
으적
아삭
으~~
저런 게
내 애견이라니.
당장
그만두지 못해!
팍
컥!
덥썩

네가 무슨
햄스터라도
되는 줄 알아?
타탁
이런 일쯤
그냥 넘어가
주지. 뉴턴,
좀스러워!
샤
샤
샥
메시도 울고
갈 민첩성!
헉헉! 너희 개가
꽤나 날쌔구나.
포기해야겠다….
아삭
아삭
잘 생각
하셨음!
헉 헉
만든 지 1년 다 되어 가는
쿠키인데… 어차피 잘됐어.
썩은 음식물 처리한
셈 치지, 뭐.
픕
믹스….
우
웩
탁
탁
그래서
그만두라고 했잖니.
내가 죽거든
통뼈 개껌이랑
같이 묻어 줘….
잘 뱉었어….

헉, 벌써 신호가!
꾸로오오오오오오옥
이럴 땐 왜 시간 이동이 안 되냐고! 쿠키 먹기 전으로 돌려보내 줘~!
뽀오옹
사삭
허법!
샤아악
아, 아무튼 난 실험을 계속해야 하니 질문이 없으면 이제 가 보거라….
네….
오오!
쿠키 먹기 전으로 돌아가는 거야?
고고!
슈악

집에 온 건가?
벌떡
쿠키 먹기 전인가 봐!
1885년 스위스
넌 누구니?
지, 질문이 있어서….
벌떡
배가 여전히 아픈 걸 보니 쿠키 먹기 전이 아니군…
꾸르르
방금 뉴턴 선생님을 만나고 왔거든요.
날 예전으로 돌려보내 줘…
꾸르르
뭐, 방금? 지금이 1885년인데 1600년대 사람을 만났다고?
앗, 그렇군!
아, 아뇨! 그분의 책을 읽어서…!
음, 책에 몰입하면 저자와 만나는 기분이 들긴 하지….
통성명이나 하자. 난 요한 발머라고 한다. 물리학자야.
꾸럭 꾸룩 끼룩
발머 선생님, 전 정다운이라고 해요.

마침 뉴턴 선생님이 연구한 스펙트럼을 연구하던 중이란다.
아까 뉴턴이 얘기했던 스펙트럼!
네, 묻고 싶은 게 그거였어요. 스펙트럼!
화악
이 유리관 속에 수소 기체를 넣고 양쪽에 전압을 걸면 이렇게 빛이 나오지.
이 빛을 분해하면 선 스펙트럼이 나온단다.
H
수소 기체에 전압을 걸은 결과이니 선 스펙트럼은 수소 원자에서 온 걸 텐데…
문제는 왜 그렇게 띄엄띄엄한 스펙트럼이 나오는지 모른다는 거야.
H
분명히 수소 원자 내부에서 어떤 일이 일어나고 있어!

독일의
프리드리히 파셴이라는
물리학자도 나와
같은 연구를 하던 중,
눈에 보이지 않는
적외선 영역에서도
빛을 내는 현상을
발견했다더군.
뭔가 한 발짝씩
다가가는 느낌!
?
뭐가 말이냐?
원자의
비밀요.
그래, 언젠간
원자 속의 강력한
비밀을 파헤치게
되리라 확신한다!
촤
팟
더 이상
못 참겠어
원자의 비밀보다
더 강력한
이 냄새의 비밀부터
밝혀야겠다….
샤
샤
냐
냐
냐
뿌우우우우우우우
저 녀석 때문에
연구에 집중이
안 돼….

이건 수소의
선 스펙트럼이다.
못다 한 대답은
이걸로
대신하마….
감사합니…
다아아아!
냄새나!
내 의지가
아니야!
뿌륵
뿌륵
뿌륵
츠파라밥
여기는
집…
이겠지?
내 인생
최악의
시간 여행
이야…
헉!
누구…?
스윽
오 마이 갓!
집이 아니잖아!
쓰리 콤보
시간 이동!

정체를 밝혀라!
네모네모 로직

❶ 숫자가 있는 줄에 그 숫자의 수만큼 칸을 칠한다.
가로줄과 세로줄 모두 만족해야 한다.
확실하게 비어 있는 칸은 X표를 치면 더 수월하게 풀 수 있다.

	0	0	1	1	1
3	×	×	■	■	■

	2
0	×
1	■
1	■
0	×
0	×

❷ 숫자가 두 개 이상일 때에는 최소 한 칸 이상 떨어져서 칠해야 한다.

	1 1
0	×
1	■
0	×
1	■
0	×

	1	0	0	1	1
1 2	■	×	×	■	■

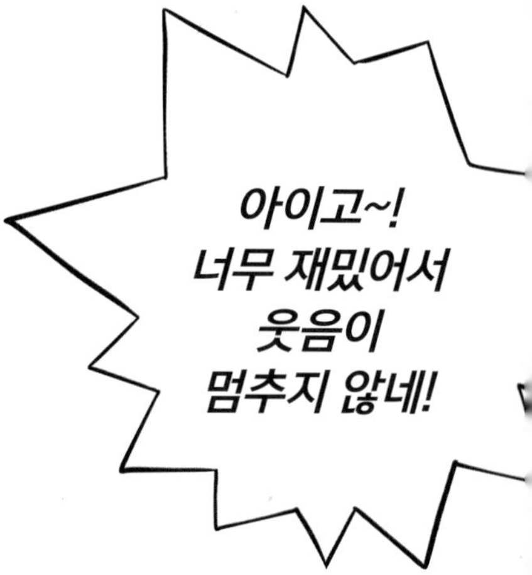
아이고~!
너무 재밌어서
웃음이
멈추지 않네!

❸ 위에서 배운 규칙으로 간단한 문제를 풀어 보자!
하트 모양이 나오면 성공!

	2	4	4	4	2
1 1					
5					
5					
3					
1					

Column clues (left to right, top to bottom):

							1							
							1	1	1	1	1			
	4					1	1	1	1	1	1	2		
	2	2		1	1	1	1	1	1	2	1	2	2	
	3	1	2	4	1	1	1	1	1	1	1	1	1	
15	2	1	1	3	6	2	1	1	1	1	1	4	6	15

Row clues (top to bottom):

15
4 3
2 1
2 5 1
1 1 2 1
1 1 2 3
2 1 1 1 1
2 1 1 1 1 1
1 1 1 1
2 1 1 2
3 1 2 2
2 1 1 3
1 2 2 3
2 3 3
15

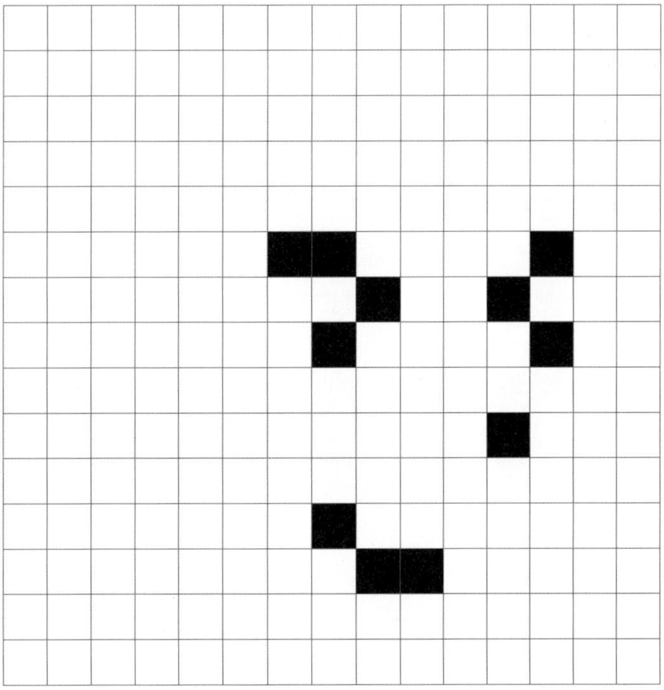

정답은 194쪽

6화
짜릿한 봄의 시작?
누, 누구세요?
세상에! 쓰리 콤보 시간 이동이라니….
시간 이동이 점점 업그레이드되고 있어….

1906년 미국, 하버드 대학교 연구실
난 물리학자, 시어도어 라이먼 교수다.
아니, 잠깐! 물어야 할 사람은 오히려 나지.
넌 누군데 실험 중인 연구실에 함부로 들어온 거냐!
콰아

전 정다운이라고 하는데요… 방금 발머 선생님을 만나 뵙고 오는 길….
뭐, 발머 선생님을?
야!
그분이 돌아가신 지가 언젠데 거짓말까지 하는 거냐! 너, 물건 팔러 온 사기꾼이지?
팍
아, 아니, 그게 아니라요. 발머 선생님의 묘지에 다녀왔다고요….
다운이의 변명도 점점 업그레이드….
그, 그, 그분을 정말 존경해서…!
아, 그래? 너도 그렇니?
나도 그렇다. 마침 그분이 연구하셨던 수소의 선 스펙트럼을 다시 연구하고 있었지.
아, 네…
오호, 이제 보니 원자에 대해 연구하는 과학자를 존경한 나머지 나까지 찾아온 거로구나!
네네! 바로 그거예요!
오호, 이번엔 알아서 속아 넘어가네.
그럼… 혹시 선 스펙트럼에 대해 뭔가 중요한 것이 발견됐나요?
글쎄….

발머 선생님은 선 스펙트럼 중에서 눈에 보이는 가시광선 영역을 연구하셨지.
백색광
프리즘
적외선(보이지 않음)
빨강
주황
노랑
초록
파랑
남색
보라
자외선(보이지 않음)
하지만 난 눈에 보이지 않는 자외선 영역을 연구하고 있단다.
독일의 파셴이라는 물리학자도 적외선 영역을 연구해 특별한 현상을 발견했다던데요?
세상에 그런 사실까지 알다니, 영특한걸?
제가 좀….
이건 내가 연구한 자외선의 스펙트럼이다. 네게 주고 싶구나.
헐, 봐도 전~ 혀 모르겠어요.
너 정도의 실력이라면 어른이 되어선 이해하게 될 거다.
그걸 이해할 날이 오길 바란다~.
주우욱

샤
오늘 현장 학습은 이걸로 마친다. 모두 조심히 돌아가렴.
고생대 선생님, 고맙습니다! 안녕히 계세요~!
가시광선, 적외선, 자외선, 빨노파초주보남, 개지무지무개~.
뭐니? 너, 지금 주문 외우는 거야?
너, 진짜로 미신을 믿는구나? 스마트한 척하더니….
아니, 그게 아니고 잠깐 정신이 왔다 갔다 해서…!
난 너 같은 애가 정말 싫어!
샤 샥
야, 오해라고! 난 오해받는 거 싫어!
흥!
야, 야! 기다려 봐~! 오해라고, 오해~! 넌 무슨 걸음이 그렇게 빠르냐!
타 탓
타 타
부르르
낑 낑
잠꼬대 하나….

자, 특별 활동
시간입니다!
다 모였나요?
안 온 사람
손 들어요!
와 하 하
실험실
안 온 사람이
어떻게 손을
들어요?
타탓
타탓
팍
저요!
저 아직
안 왔어요!
지각생!
첫날부터 지각하다니!
빨리 자리에 앉아요!
헉 헉
하하
우하하!
진짜 안 온 사람이
손 들었네?
앗,
내 연필!
데구르르
팅
네 이놈
거기 섯!
데구르르
욱….
와 하 하
탁
!
!

너도…
과학 실험반?
너도?
뭐, 뭐야!
저 똥 씹다 체한 것
같은 표정!
…….
너만
그런 줄 알아?
나도 너
별로거든?
벌떡
ㅋㅋ
지가 잘났으면
얼마나 잘났어.
제멋에 겨워 사는
꼴이라니…!
슥
너, 지금
뭐 하냐?
헉!
저기….
…….
하바라차밥!
샥
깔
깔
깔

반갑습니다. 저는 고전역학 연구소 연구원입니다. 이번 학기 과학 실험반은 특강 형식으로 제가 맡아 진행하기로 했어요.
고전역학?
이제부터 뭐 해요?
와!
안녕하세요!
첫 수업은 모둠 퀴즈 대결이에요. 1등에게는 학교 앞 분식집 떡볶이!
준비됐습니다! 어서 문제를 제시해 주십시오!
좋아, 1등을 해서 저 재수 없는 여자애에게 본때를 보여 주마!
최소한 저 멍청이는 이긴다!
오늘 퀴즈의 주제는 전기 회로 꾸미기입니다!
슥슥
건전지 2개를 직렬로 연결하면 이렇게 됩니다.
스위치
전지
전지
직렬 연결
슥슥
직렬로 연결하되 내가 그린 회로와 다르게 연결해서 먼저 불을 밝히는 모둠이 승리!
시작~!

이건 여기, 저건 저기로!
확
시작을 알리는 소리와 함께 3번 모둠이 먼저 연결을 시작했습니다!
아, 그 순간 4번 모둠이 추월을!
오, 이럴 수가! 2번 모둠이 치고 올라오는군요!
선생님 조용히 좀…
선생님 회로는 건전지가 나란히 연결돼 있으니까… 우린 건전지 사이에 스위치를 넣으면 돼!
팍
팍
1번 모둠 완성!
2번 모둠 완성!
확
확

놀라운 결과가 나왔습니다! 1, 2번 모둠이 동시에 완성을 했습니다! 정확한 측정이 필요할 것 같은데요~!
?
오호, 이럴 수가…! 한 치의 오차도 없이 정확히 같은 시간에 완성했군요!
호호호!
헐 1인2역?
두 모둠 다 연결도 잘했고요!
첫 번째 문제는 1, 2번 모둠 공동 1등!
와
와
척
흥
두 번째 문제는 병렬 연결!
자, 이게 전지 2개를 병렬로 연결한 회로입니다.
병렬 연결
전지
스위치

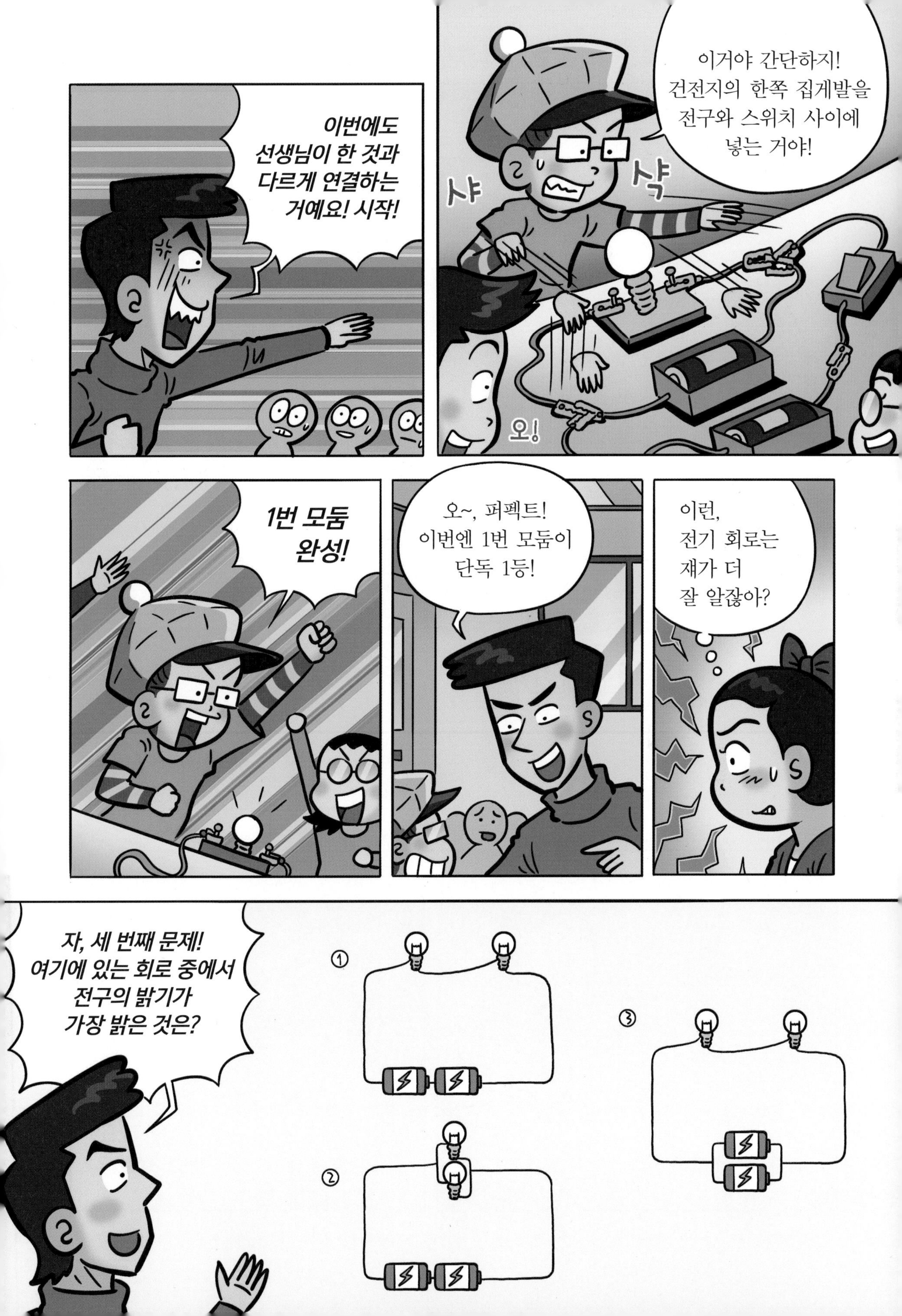

이번에도
선생님이 한 것과
다르게 연결하는
거예요! 시작!
샤
샥
이거야 간단하지!
건전지의 한쪽 집게발을
전구와 스위치 사이에
넣는 거야!
오!
1번 모둠
완성!
오~, 퍼펙트!
이번엔 1번 모둠이
단독 1등!
이런,
전기 회로는
재가 더
잘 알잖아?
자, 세 번째 문제!
여기에 있는 회로 중에서
전구의 밝기가
가장 밝은 것은?
①
②
③

1번 회로는 전구와 전지가 모두 직렬로 연결돼 있어. 직렬이면 가장 밝을 것 같은데….
①
전구도 직렬이면… 밝기가 약하지 않을까?
2번은 전지가 직렬, 전구가 병렬… 3번은 전지가 병렬, 전구가 직렬…!
②
③
2번과 3번 회로는 직렬과 병렬이 섞여 있어. 병렬은 약할 것 같으니… 난 1번!
그렇다면 전구가 병렬로 연결된 회로가 가장 밝을 거야! 전구 하나와 마찬가지이니까!
두둥
다들 결정했나요? 그럼 정답은?

1번 모둠은 1번입니다!
3번 모둠도 1번입니다!
4번 모둠은 처음부터 1번이라고요!
그럼, 2번 모둠은?
쑥덕
쑥덕
2번입니다!
팟
어디 그럼… 정답이 뭔지 직접 확인해 볼까요?
이건 여기,
저건 저기….
조립
조립
①
③
세상에, 정답은 2번이었어!
②
화
악

2번 모둠 잘했어요! 정답은 2번 회로예요. 전지는 직렬, 전구는 병렬로 연결할 때 가장 밝아요.
오늘 전기 회로 대결은 1번 모둠과 2번 모둠의 공동 우승!
우와, 떡볶이 먹게 됐다! 정다운 짱!
내 덕인 줄 알아~.
김민서, 재수 없어.
아악
이름이 민서…?
떡볶이 떡볶이
악
정다운… 이라고 했지?
김밥!
피자!
치킨!
뷔페!
왜들 그래? 난 떡볶이만 얘기했다고!
하여간 전극이란 건 참 신기해.
(+)와 (-)가 만나면 보통 0인데, 두 개가 결합해서 전기를 만들다니….
이게 우주의 이치일까? +, -, 남과 여….
으엑~!
주우욱

내가 또 어쨌길래!
나 좀 쉬자, 응?
1904년 영국, 케임브리지 대학교 캐번디시 연구소
넌 뭐 하는 녀석인데 내 연구실에 나타난 거냐?
아… 거시기, 그러니까… 전기 회로를 공부하다가….
전기 회로? 아…! 그래서 나, 조지프 존 톰슨의 연구실로 찾아온 거로구나! 그렇지?
아, 네… 그렇다고 하죠, 뭐….
앗! 이 장비는?
크룩스관이라고 한단다.

크룩스관의 내부는 공기가 없는 진공이야. 유리관 안쪽 벽에는 형광 물질을 발라 놨지.
그래서 약한 빛을 받아도 밝게 빛난단다.
오!
불을 끄니까 어때?
오오, 형광 빛 가운데에 십자 모양이!
또… (+)극 쪽에 바람개비를 놓고 전기를 연결하면….
팔랑 팔랑
말도 안 돼! 바람개비가 돌잖아?
진공이라 바람이 불 이유도 없는데 어떻게 된 거죠?
그게 바로 과학의 힘
그뿐만이 아니야. 유리관 밖에서 이렇게 자석을 가까이 두면 (-)극에서 나온 빛줄기가 휘어지는 걸 볼 수 있지.
이, 이건 크룩스관이 아니라 크레이지관!
+
–

(-)극에서 뭔가가 나와서
빛을 만들고 바람개비를
돌린다는 뜻이야.
팔랑 팔랑
뭐가 나오는
걸까요?
혹시….
전자?
톡
하하,
찌찌뽕!
콕 콕
유치뽕짝….
그럼…
(-)극의 판에서
계속 전자가 나오면
이 판이 점점 작아질
수도….
나도 (-)극에서
나온 무언가는
전자가 아닐까
생각한단다.
그럴싸한
추측이긴 하다만
금속판의 크기는
전혀 변하지 않았어.

분명 뭔가가 나왔지만 판의 크기는 변하지 않는다. 즉 전자는 아주 작은 물질이 틀림없다고 생각했지!
(-)극에서 나온 입자가 얇은 금속판도 통과하더라고!
쏴 샤 샥
오오, 비 사이로 막 가!
정확히는 원자 사이로 막 가지!
그 후 난 원자의 모습을 생각해 냈어.
?
어디다 뒀더라?
찾았다! 바로 이것처럼…!
슥
이 푸딩 속의 건포도처럼 말이야!
전자
양전하
!

초등학생을 위한 양자역학 ①

과학자 캐릭터 카드

한 장씩 떼어서 사용하세요.

데모크리토스

①

고대 그리스 철학자(B.C. 460? ~ B.C. 370?)
모든 물질이 매우 작은 원자로 이루어져 있다는 원자설을 주장했다. '웃는 철학자'라고도 불린다.

점수	
2500	4번 돌턴 카드와 조합 가능

앙투안 라부아지에

③

프랑스의 화학자(1743~1794)
어떤 물질이든 화학 반응을 일으켜도 질량이 보존된다는 '질량 보존의 법칙'을 발견했다. 물을 수소와 산소로 분리하는 데 성공하는 등 화학의 발전에 크게 기여했다.

점수	
3500	2번 보일 카드와 조합 가능

존 돌턴

④

영국의 화학자(1766~1844)
'원자론'의 창시자. 질량 보존의 법칙, 일정 성분비의 법칙, 원자설을 총정리했다. 최초로 색각 이상을 연구한 과학자이다.

점수	
1500	1번 데모크리토스 카드, 6번 뉴턴 카드와 조합 가능

로버트 보일

②

영국의 화학자(1627~1691)
실험을 중요하게 생각하여 J자 유리관 실험을 통해 '보일의 법칙'을 발견했다. 실험을 바탕으로 하는 근대 화학의 기초를 세웠다고 평가된다.

점수	
2200	3번 라부아지에 카드와 조합 가능

드미트리 멘델레예프

⑤

러시아의 화학자(1834~1907)
원소를 일정한 규칙에 따라 나열한 원소 주기율표를 만들었다. 표 사이사이에 빈칸을 남겨 놓고 그 칸에 딱 맞는 원소들이 있을 것이라 예측했다.

점수	
2500	9번 주기율표 카드와 조합 가능

KC마크는 이 제품이 공통안전기준에 적합하였음을 의미합니다.
어린이제품 안전특별법에 의한 기타표시사항
제품명 과학자 캐릭터 카드 | 제조자명 (주)북하우스 퍼블리셔스 | 전화번호 02-3144-3123
주소 04043 서울시 마포구 양화로 12길 16-9(서교동 북앤빌딩) | 제조년월 2024년 6월 1일 | 사용 연령 11세 이상

초등학생을 위한
양자역학

초등학생을 위한
양자역학

초등학생을 위한
양자역학

초등학생을 위한
양자역학

초등학생을 위한
양자역학

초등학생을 위한 양자역학 ①

과학자 캐릭터 카드

게임 방법은 책 195쪽을 참고하세요.

아이작 뉴턴

6

영국의 물리학자(1643~1727)
프리즘을 사용한 실험을 통해 햇빛이 여러 가지 색으로 이루어져 있다는 사실을 보였다. 또한 만유인력 법칙과 세 가지 운동 법칙으로 물체의 움직임을 성공적으로 설명했다.

점수 2300 | 4번 돌턴 카드와 조합 가능

닐스 보어

8

덴마크의 물리학자(1885~1962)
전자가 특정 궤도에서만 움직이며, 궤도를 옮길 때 에너지를 흡수하거나 방출한다는 새로운 원자 모형을 제안했다. 이후에 '양자역학의 코펜하겐 해석'을 제시해 양자역학의 틀을 마련했다.

점수 3200 | 7번 러더퍼드 카드와 조합 가능

주기율표

9

원소를 성질에 따라 배열한 표
멘델레예프가 처음으로 제안했다. 지금까지 총 118가지 원소가 발견되어 표에 수록되었다.

점수 1500 | 5번 멘델레예프 카드와 조합 가능

어니스트 러더퍼드

7

뉴질랜드의 물리학자(1871~1937)
알파 입자를 사용한 실험으로 원자핵을 발견했고, 원자핵을 중심으로 전자가 돌고 있는 태양계 원자 모형을 제안했다. 나중에 원자핵이 양성자라는 더 작은 입자로 이루어져 있다는 사실도 밝혀냈다.

점수 3000 | 8번 보어 카드, 10번 태양계 원자 모형 카드와 조합 가능

태양계 원자 모형

10

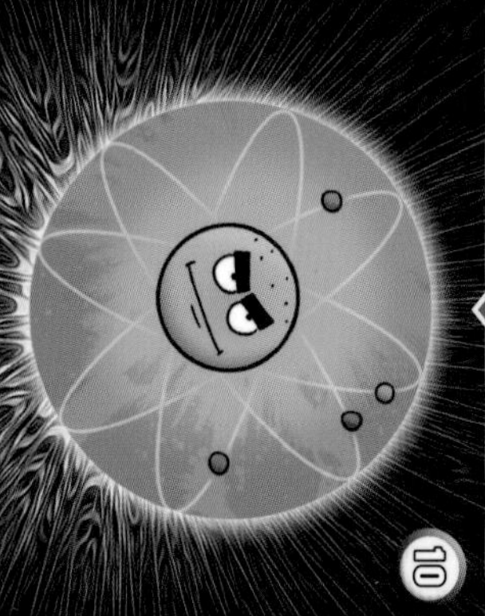

러더퍼드가 제안한 원자 모형
원자 가운데에 (+) 전기를 띠는 원자핵이 있고, 그 주변을 (−) 전기를 띠는 전자가 돌고 있다.

점수 1000 | 7번 러더퍼드 카드와 조합 가능

KC마크는 이 제품이 공통안전기준에 적합하였음을 의미합니다.
어린이제품 안전특별법에 의한 기타표시사항
제품명 과학자 캐릭터 카드 | 제조자명 (주)북하우스 퍼블리셔스 | 전화번호 02-3144-3123
주소 04043 서울시 마포구 양화로 12길 16-9(서교동 북앤빌딩) | 제조년월 2024년 6월 1일 | 사용 연령 11세 이상

초등학생을 위한
양자역학

초등학생을 위한
양자역학

초등학생을 위한
양자역학

초등학생을 위한
양자역학

초등학생을 위한
양자역학

깜 짝
익!
쩝 쩝
야, 믹스!
이게 무슨
실례야!
믹스…?
그 개의
이름이냐?
질질
네, 섞여 있다는 뜻이에요.
원자 속에 (+) 전기를 띤
양전하와 (-) 전기를 띤
전자가 섞여 있는 것처럼….
잡종 개라는
뜻도 되지.
믹스견….
아!
잠깐… 믹스!
설마 믹스가 시간
이동의 원인인가?
늘 함께 다녔고….
하여간
이 원자의 구조에는
큰 의미가 있지!
의…의미요?
돌턴 선생 이후로
100년이 지난 지금
그의 뒤를 이어 원자
모형을 생각해 냈다는
이야기다!
음하하
그런 말은
다른 사람들이 해
줘야 하는 거 아냐?
본인 입으로 직접….

이때부터 원자 속에 더 작은 입자가 있다는 걸 알게 된 거군!
그건 바로 전자!
쩝
건포도…!
이건 크룩스관 모형이다. 네게 선물로 주마. 가져가거라.
와, 대박!
감사합니다!
스와아악
우왕, 레어템!
푸슈슈슈
내 푸딩은? 응? 응?
전기가 흐른다는 건 전자가 이동한다는 거예요.
(+)극과 (-)극이 연결되어야 같은 방향으로 전자가 흘러갑니다.
샤

전자가 흘러서… 저항의 역할을 하는 필라멘트에 닿게 되면 전기 에너지가 빛 에너지로 변하게 되죠.
필라멘트
어, 다운이가 들고 있는 건 뭐지?
엇!
얼른 가방에 넣자!
전자를 처음 발견한 사람은 영국의 물리학자….
조지프 존 톰슨이죠!
!
다운이 쟤… 완전 밉상은 아니네. 반전 있는 애잖아?

7화
그림에 담긴 마음
이것도 아니고,
저것도 아니고…
아냐, 아냐….
돌돌
돌
영혼이
빠져나간
표정일세….

멍~
4월 과학의 달을
맞이해 다양한
행사가 열린다!

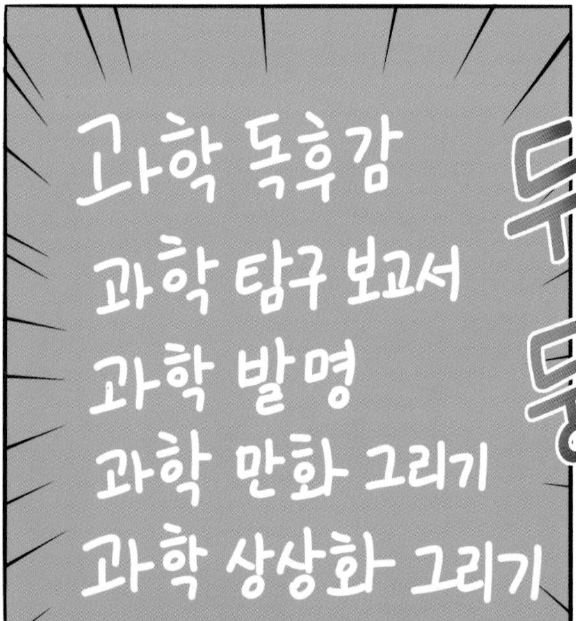
과학 독후감
과학 탐구 보고서
과학 발명
과학 만화 그리기
과학 상상화 그리기
두둥

탁
이 가운데 하나를
꼭 선택해야 하니
마음속으로 미리
정해 둘 것!

과학 독후감 쓰기….
책만 보면 잠드니 꿈에 대한 '꿈'후감이나 쓰겠지….
냠냠!
분명해.
그럼… 과학 탐구 보고서 쓰기?
회사에서 보고서만 쓰는 울 아빠가 가장 싫어하는 단어지.
보고서라는 말만 들어도 짜증이 확!
아빠. 이 드라마 다 보고, 서바이벌 게임천국 보자.
헉!
과학 발명은 작년의 악몽 때문에 싫고….
잘못하면 또 대형 사고 칠지도 몰라.
치직
칙
냐
냐

그럼 과학 만화 그리기를 해 봐!
샥
홍작가
전… 만화 잘 못 그려요….
아니, 이 쉬운 걸 못한다고? 누구나 만화 한 편쯤은 다 그리잖아, 응? 응?
이렇게! 응? 이렇게! 응?
슥 슥
놀리실 거면 얼른 만화 칸에서 나가욧!
진짜 못됐다
헤 헤
참 쉽죠 ~잉?
이제 마지막 성냥만 올리면….
50cm 높이 성냥 쌓기 성공…!
덜 덜
두구 두구 두구

으아아악!
탁
와르르
이
청아한
괴성!
타
타
다,
다운아!
탓
무슨
일이얏!
쾅
이번 과학의 달 행사에
뭘 해야 할지 도저히
모르겠어요….
뽀글
뽀글
빠직
야!
그딴 걸로
가족들을
놀라게 해?
하여간 별종
이라니깐….
…….

30분 뒤
좋아, 좋아!
덜덜
이거 하나면 이제 끝!
결정했숍!
깜짝 궁딩이!
와르르
과학 상상화를 그리겠어!
짝짝
네네, 참 대단한 결심하셨네요.
정다운, 제발 볼륨 좀 낮춰…!
턱
전 이번 행사 때 과학 상상화를 그릴 건데요… 이건 절대 비밀이에요.
아빠, 엄마. 간절한 부탁이 있어요.
뭐, 뭔데…?
좀 싫어하는 애가 있는데 걔가 아는 게 싫어서요. 꼭 비밀 지켜 주셔야 해요. 알았죠?

네가 이야길 안 꺼내면 자동으로 영원한 비밀이 되는 거 아니었냐?
아부지, 제발! 비밀을 지켜 주삼!
저건 또 무슨 심리?
그래, 지켜 주마, 비밀.
아부지, 땡큐요!
와락
내가 이상한 애를 낳았어….
별게 다 비밀이야.
…….
그렇다 이거지…?
푹
분식
정말 과학 상상화 그리기 대회에 나간다고 했어?
쩝쩝
정말이라니깐!

순대 먹어도 되지? 아줌마, 여기 순대 1인분 츄가여~!
또 먹냐!
오우, 아줌마! 쌩유 베리 감사~!
겨운이를 스파이로 삼길 잘 했어.
좋아! 그럼 나도 과학 상상화 그리기에 나갈 테다.
정다운…! 이번엔 널 꼭 이겨 주겠어!
쩝 쩝 쩝
아줌마, 여기 오뎅 1인분도 츄가여~!
이제 곧 과학 상상화 그리기를 시작한다! 모두 대회장에 들어가도록!
신이시여, 제게 상상력을 잔뜩 주소서!
타 탁
네~, 네. 만날 지각하는 다운이가 빨리 뛸 수 있게 다리 힘도 잔뜩 주소서.

우에어으아!
재가
어떻게 알고
여길 온 거지?
시끌
……….
와글
아오오~!
운도 지지리
없지!
정말 미치겠네.
자리도 얘 옆자리
밖에 안 남았잖아?
슬금
슬금
힐끔
헉
어머머머머머머!
넌 또 여긴 웬일이니?
나만 졸졸
따라다니는겨?
어머?X6
내가 할
소리거든…?

자, 지금부터 종이를 나눠 줄 테니 2시간 동안 상상력을 마음껏 펼쳐 보렴!
과학상상
넌 뭘 그릴 거야?
너부터 이야기하면 나도 말해 주지!
비밀이야!
흥, 그럼 나도 비밀!
놀고들 있네. 둘이 연애하냐?
헉
너도 왔냐?
믹스! 미익스으~!
간식 먹으렴. 고구마와 닭고기야.
내가 가장 좋아하는 것들! 웬일이지?
후다닥
네가 요즘 들어 기력이 좀 떨어진 것 같아서 특별히 준비했어.

넌 동식물을 좋아하니까 둘이 합체한 걸 상상하면 되겠네.
…….
이름은 식물동물짬뽕국물….
주우욱
잘 먹겠습니닷!
휙
왈!
하하하! 기막힌 타이밍 고맙네요, 하하하!
왈!
츄아아악
침 떨어지잖아!
1911년 영국, 케임브리지 대학교 캐번디시 연구소
어, 왔나?
샌드위치 배달이구나. 저쪽 책상에 두렴.
여, 여긴 어디죠?

휙
어디긴! 캐번디시 연구소의 러더퍼드 교수, 즉 내 연구실이지! 그것도 모르고 배달 왔냐?
캐번디시… 라면 예전에도 왔었는데….
오!
푸딩… 맛있었지.
그래, 톰슨 박사님도 샌드위치를 좋아하시지.
저 샌드위치 배달부 아닌데요…
샌드위치 먹고잡다.
그런데 실내가 왜 이리 컴컴해요?
아주 중요한 실험 중이거든….
헉, 무서워요!
너… 톰슨 박사님을 만났다면서? '그분' 하면….

푸딩 같은 원자 모형….
오, 제법이구나.
참 맛있었는데….
내가 지금 하고 있는 건 톰슨 박사의 푸딩 원자 모형이 맞는지 틀리는지 확인하는 실험이란다!
슥
그분은 그 모형에 대한 자부심이 크시던 데요….
꽥
과학자란 자고로 끝없는 의문을 가지고 확인 작업을 반복해야 한다!
푸딩은 과연 진실일까?
악
도대체 어떤 실험을 하시길래….
바로 이거다!
둥

1898년 프랑스의 마리 퀴리가 세계 최초로 라듐이라는 방사성 원소를 발견했어.
라듐에서 방사선이 나오고 있다.
RADIUM
난 여기에 α(알파)선이라는 이름을 붙였지.
α선
라듐이 속에 들어 있음.
난 이 알파선(알파 입자)을 다른 원자에 쏴서,
금박
과연 어떤 현상이 일어나는지 실험으로 확인해 봤어.
뭐… 톰슨 박사님이 맞다면 알파 입자는 푸딩 모양의 원자를 모두 통과해 버리겠지!
잔인해요! 푸딩에게 알파 기관총을 쏘다니!
하하 참 재밌구나…
내 몫까지 살아주…

그럼 실험 결과는….
뭐, 거의 다 통과했지. 몇몇 알파 입자만 빼고….
그런데 그 통과 안 한 몇몇 알파 입자가 사실은 어마어마한 발견이었음을 알게 된 거다!
팅
꺄울!
대부분의 알파 입자는 금박을 그대로 통과했어.
그런데 8000개 중 1개꼴로 입자가 튕겨 나와 버린 거다.
8000개…! 굉장히 지루한 실험이었겠다….
차라리 푸딩을 믿는 게 낫겠어...
진공 상자
금박
알파 입자 발생 장치

입자가 다른 방향으로 튕겼다는 건 원자 한가운데 뭔가 단단한 것이 있다는 증거가 아닐까?
휙
딱
야, 이 돌대가리야!
그 돌대가리, 아니 단단한 덩어리는 (+) 전기를 띠기 때문에 마찬가지로 (+)인 알파 입자를 밀어냈을 게다.
우린 서로 끌어당기는데… 으응~!
딱
난 (+)가 싫어!
그럼… 톰슨의 푸딩 모형이 틀렸다는 뜻?
톰슨
바로 그거임!
파콰아
그럼 부딪힌 그 딱딱한 돌대가리… 덩어리는?
똑
똑
바로 원자의 핵이다!
늠름~!

다시 말해서 금박을 향해 쏜 알파 입자 가운데 8000개는 그냥 통과했지만….
원자핵
아!
1개는 원자핵과 충돌해서 튕겨 나온 거지.
이 실험으로 난 톰슨의 푸딩 모형이 틀렸다고 확신하고…
슥
새 원자 모형을 완성했단다.
원자의 중심에는 (+)를 띤 양전하들이 모여 무거운 핵을 이루고 있고 (-)를 띤 가벼운 전자가 주변을 돈다는 것.
어때, 마치 태양을 중심으로 행성들이 돌고 있는 것 같지?

지금 우리가 알고 있는 원자 모형을 러더퍼드가 만들었구나.
속닥
속닥
그래도 난 푸딩이 좋아.
이걸 네게 주마. 이야기를 나눠 즐거웠다.
감사합니다.
그런데… 샌드위치는 어디다 뒀니?
저… 샌드위치 배달하러 온 거 아니라고 아~까 말씀드렸는데요….
있으면 내가 먹었지….
뭐라고? 난 배고픈 건 못 참는 성격인데!
확
헐
어서 내 샌드위치를 내놔!
있어야 내놓죠! 없어요!
다다다
나 원자핵
주변엔 전자들이 돌고…
주우욱

과학자들은 참 똑똑한 것 같으면서도 엉뚱하단 말이지!
슈아아아악
와우, 이제 간식 먹으러 간다잉~!
조──용
슥 슥
샤
나의 상상력을 총동원하겠어!
좋아, 이걸 그리겠어!
!
슈슉! 슉!
이건 입에서 나는 소리가 아니여….
…….

에휴,
완성은 했는데
이거 참…
그림이여,
방구여….
?
오호라~!
우리 서로
자기 그림
보여 주기 할래?
웃으면 벌칙!
…….
에휴우우! 그래,
좋아. 어차피
내 그림 실력이야
바닥이니 포기하자.
자존심 따위….
YES!
자, 내 그림이야.
동물과 식물이 합쳐진
플랜티멀!
척
Plantimal
오, 잘
그렸는데?
나는…
나는….
…….
헉!
뭘 그리
뜸을 들여?
이리 줘 봐!
탁

풉!
야, 웃으면 벌칙이라며!
자, 잠깐!
이, 이건 원자 모형과 태양계를 접목한 거잖아! 굉장해!
이번엔 표정이 심각해졌어… 그래, 발로 그려서 미안하다… 차라리 웃어라….
아이디어 좋은데?
빙
수성
토성
지구
금성
태양
어지러워, 헥헥!
천왕성
목성
화성
해왕성
빙

8화
원자핵의 사랑 공식
자, 드디어 올해 과학 상상화 그리기 대상 수상자가 결정됐다.
내가 그림을 좀 못 그리긴 했지만 아이디어는 괜찮았어. 운만 좋다면 내가….
다운이의 말에서 아이디어를 얻긴 했지만 그림 실력은 내가 가장 뛰어나. 가능성이 있어!
자, 이번 과학 상상화 그리기 대회 대상은…!
시끄러!
두구두구~!

5학년
우주반의
김민서!
나?
내가…? 정말?
헐!
YES!
아싸라비아
콜롬비아!
말도
안 돼!
민서가 대상이라뇨!
말도 안 돼요,
선생님!
말
돼.
무려 5명이나
되는 선생님이
만장일치로
결정한 거야.
아무리 그래도
그렇지, 동물
얼굴에 잎사귀로 된
팔다리라뇨! 너무
유치하잖아요!
정다운, 그만해.
유치한 건 너야.
맞아.
승패의 결과에
승복하는
사람이 멋진
법이지.
쯧
쯧
너…
이 아이디어
내가 준 거 기억해?
응, 고맙긴 해.
하지만 그 아이디어를
발전시켜 그림으로 표현한 건
나잖아?

게다가 이 그림이 유치하다고 우긴다면… 네 아이디어가 유치하다고 스스로 인정하는 꼴 아냐?
구구절절 옳은 말일세.
할 말 없음
능력 있다는 증거인데 뭘.
아오~! 내가 왜 대상감을 남에게 던져 줬을까!
죽 쒀서 개 줌?
바로 그거!
탁
샤
승패는 중요한 게 아니란다. 최선을 다했느냐가 중요하지.
경쟁은 남과 하는 게 아니라 자신과 하는 거니까….

민서야, 축하한다!
짝
짝
짝
탁
탁
터벅
터벅
나의 기발한 아이디어가 민서의 그림 실력보다 못하다니….
하긴… '그림 대회'에서 발로 그린 그림을 대상으로 뽑을 리가 없지.
반면 민서의 그림은 딱 봐도 잘 그렸어. 역시 실력 차이인가….
그림 그리는 거 별로 어렵지 않다니까! 그게 왜 어렵다는 거지?
샥
슥
슥
아, 좀! 성질 긁는 만화 자꾸 그릴래요?

?
부아아아
아, 네네, 편집자님. 네, 마감요? 하하! 금세 다 됩니다. 곧 끝나요, 하하!
그림은 잘 그리지만 마감에 쫓기는 모습이 좀 불쌍하다….
무슨 소리! 난 지금 행복하다고, 하하!
근데 지금 우는 거예요?
뚝
흑흑
뚝
앵
네, 네. 다 끝났어요!
흑흑
그림을 잘 그린다고 꼭 행복한 건 아니군….
그래도 난 그림을 잘 그리는 사람이 되고 싶어….
엄마, 아빠도 그림 실력과는 거리가 좀 멀지….
그 다음… 비행기는 이렇게 그리는 거야.
……
찍
찍

아빠는 더더욱….
개구리가 발가락이… 세 개던가?
그린 지 1시간째
아빠, 무서워요….
슬프게도 난 뛰어난 두뇌와 재주 없는 손의 결합품이구나….
터벅
터벅
주우욱
맞아. 내가 지금 대상 못 탄 걸 아쉬워할 때가 아니지.
시간 이동하는 이유부터 알아야 해.
렛잇고~, 렛잇고~!
아우~
날 간식이 있는 곳으로 가게 냅둬~

1913년 덴마크
코펜하겐 대학교
아오~
워우워~,
워우월~!
너, 디즈니가
저작권에 얼마나
엄격한데….
웬 개가
내 연구실에서
우는 거지?
!
스윽
텁!
혹시 길을 잃은 거냐?
여긴 어린이가 공부하는
곳이 아닌 대학교란다.
학교에 데려다줄까?
아…
학교에 가던 길이
아니에요.
그럼 여기
왜 온 거냐?

학교에서 과학 상상화 그리기 대회를 했는데 제가 러더퍼드 선생님의 원자 모형을 그렸거든요. 그런데 발로 그려서 그런지 대상을 안 주더라고요.
헐
으~ 찝찝해!
뭐, 뭐라고? 과학 상… 상화? 그림을 발로 그려?
아니 그전에! 이렇게 어린데 러더퍼드 선생님의 원자 모형을 그릴 줄 안다고?
네!
그런데 아무리 봐도 제 아이디어가 가장 뛰어나거든요.
이제 그만 좀 얘기해!
오오, 아인슈타인을 능가하는 아이가 나타났군!
그런 대회를 연 학교도 대단해!
그래서 답답한 마음에 나를 찾아온 거구나, 그렇지?
그렇다고 해!
네, 뭐… 그런 셈이죠….
툭
우리 스승님이 이 이야기를 들으시면 기뻐하시겠군.
흐흑 과학자가 되길 참 잘했어!
네? 러더퍼드 선생님이 아저씨 스승님이세요?

음, 너와 짧은 대화를 나눴을 뿐인데 뭔가 공통점이 느껴지는구나.
잘생겼다는 거요?
자뻑은 자유…
샤방그르
그건 나한테만 적용되는 말이고….
아, 네네~.
그게 아니라, 네가 과학 상상화 그리기 대회에 불만을 품은 것처럼,
나도 지금 러더퍼드 선생님의 원자 모형이 만족스럽지 않거든.
?
오오, 스승에게 도전하는 제자 등장!
도전이 아니라 의심이다. 과학자의 필수 요소지.
합
헙
니가 나를 배신하다니!
러더퍼드 선생님이 실험하는 걸 제가 직접 봤는데요. 오류는 없는 것 같던데요.
뭐라고? 그 실험을 직접 봤다고?
극비였을 텐데?

금박 종이를 통과한 알파 입자 8000개 가운데 1개는 튕겨 나오는….
왠지 불안하다….
누구냐, 넌…!
팍
봐. 거봐.
러, 러더퍼드 선생님을 매우 존경하는….
난 몰라 이제
씩
그렇지? 정말 대단하신 분이지? 나도 그렇게 생각한단다!
휙
휴
알파 입자가 튕겨져 나올 정도라면 원자 중심에는 단단한 핵이 있을 거라는 발상! 멋지지 않니?
딱
헤
컥

그래서 러더퍼드 선생님은 원자 모형이 이렇게 생겼다고….
그래! 그렇게 생겼다고 주장하셨지.
돌머리 원자핵?
그렇다면 하나 묻자.
?
원자 모형에서 전자는 양전하(+)니, 음전하(-)니?
그야, 음전하의 성질을 갖고 있죠.
그럼 원자핵은?
양전하!
전자기 이론에 따라, 전하를 가진 입자가 돌면 전자기파가 나와서 입자의 에너지가 줄어들지. 그럼 어떻게 될까?
전자기파

전자가 원자핵에
끌린다?
남녀관계
처럼…
그래, 맞다.
에너지를 잃어
전자의 속력이 줄어들면
결국 전자가 원자핵으로
끌려 가게 되지.
원자핵
이렇게!
팍
컥!
!
그렇다면 전자와 원자핵은
어떻게 될까?
전자
왜 나 갖고
그래…
팍
음전하인
전자가 원자핵과
충돌한다?
그래…
그래야 정상이지?
스윽
무섭게
왜 그런
표정을…
훅
그런데
왜!
헉!

러더퍼드 선생님의 원자 모형에서 전자는 왜 원자핵과 충돌하지 않고 주위만 뱅뱅 맴돌고 있는 걸까?
혹시….
혹시…?
원자핵을 향한 전자의 짝사랑?
주위만 맴돎
나 잴 좋아해. 어쩌지?
몰라
몰라
훌쩍
그건 인간한테나 적용되는 거고! 미시 세계엔 또 다른 이유가 있을 거란 말이다!
아~!
발머 선생님의 수소 스펙트럼을 보면 띄엄띄엄한 선 스펙트럼이 나오지.
나트륨
리튬
스트론튬
아연
기억나요, 선 스펙트럼!
이건, 즉!

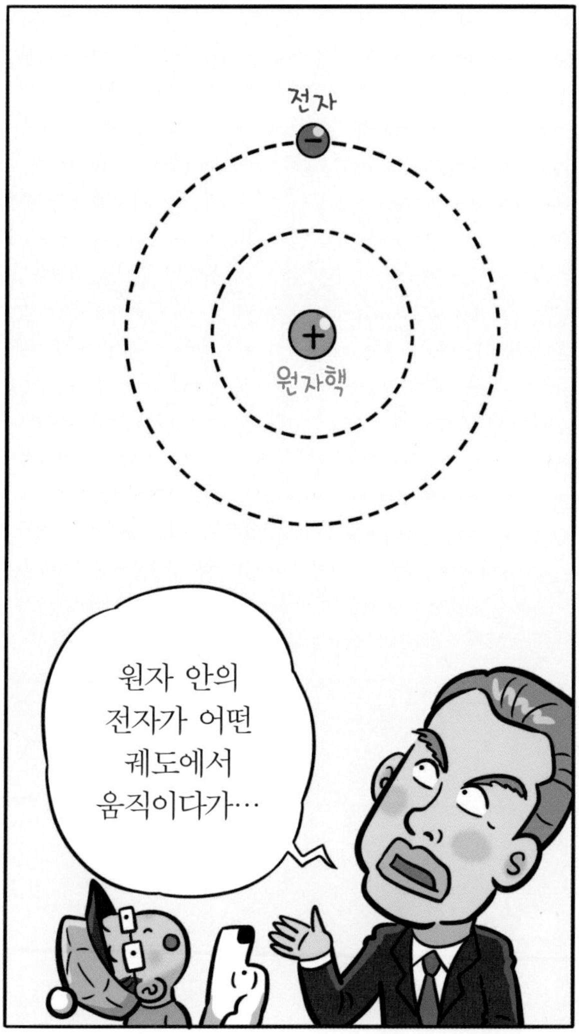

전자
원자핵
원자 안의 전자가 어떤 궤도에서 움직이다가…

전자
에너지
팍
원자핵
또 다른 궤도로 이동할 때 에너지가 생겨 빛을 내게 되는데, 그게 선 스펙트럼으로 나타나는 게 아닐까?
!

그, 그럼 전자 하나가 여러 궤도를 갖는다는 말씀이세요?
그래.
뭐 인생의 길도 하나만 있는 건 아니니까

원자핵과 충돌하지 않고 궤도를 바꾸며 가까워지다 멀어지다 하는 거지.
팍
팍

원자마다
궤도의 개수가
다르고,
궤도의
개수가 다르면
전자의 개수도
달라지겠지.
원자핵
전자
그럼 전자의
개수에 따라
원자의 종류도
달라지는 거야!

오~, 원자핵이
훈남인 건 확실해.
여러 전자들이 멋진 남자
주위를 맴돌며
짝사랑을 하지….
부럽다…
꺄
꺄
꺄아
후훗
꺄아

아니지,
혹시 훈녀인가?
하하
와
와
하하
짝사랑 타령은
이제 그만햇!

그렇다면 아저씨는 수소의 선 스펙트럼을 보고 전자 궤도의 본모습을 생각해 내신 거군요.
그래.
생각해 보니 내 소개도 안 했구나. 난 닐스 보어다. 우린 서로 잘 통하는 것 같으니 내가 만든 원자 모형을 하나 주마.
감사합니다!
그리고 널 아인슈타인 선생님께 소개하… 고… 싶은데….
주우욱
슈아아아악
궤도를 바꾸는 전자라니….
렛잇고~, 렛잇고~!
간식이 있는 곳으로오오~!

톰슨 선생님은
푸딩 모양의 원자 모형.
원자핵
전자
러더퍼드 선생님은 전자가
원자핵 주위를 일정한
궤도로 돈다고 했고….
닐스 보어
아저씨는 전자가
궤도를 바꾸며
원자핵을
돈다고 했지.
간식~
Let it go~
츄
악
파고들수록
원자의 비밀이 모습을
드러내고 있어.
남은 비밀들은 도대체
어느 정도일까?
꿰리꼬~
꿰리꼬~
슈우욱
비밀의 끝은
과연 어디일까?
다음 날
아침
터벅
터벅

어.
어?
…….
…….
지금…
학교 가냐?
응.
어———색
터벅 터벅

민서야, 내가 다시 생각해 보니까….
그래, 아직도 난 대상감이 아니겠지? 네 아이디어니까!
내가 틀렸던 것 같아. 넌 대상을 받을 만해….
!
어머, 웬일이니? 누가 네게 충고라도 해 줬나 보지?
헉, 그걸 어떻게…!
샥
얘가 무슨 일 이래?
샥
하, 하여간 내 그림은 애초에 정확하지 못했어.
뭐… 가?
난 보어의 원자 모형을 그렸어야 했어. 그게 더 정확한 원자 모형이거든.
보어의 원자 모형? 그게… 뭔데?

그러니까 그게…
훈남을 짝사랑하는
훈녀가….
뭐, 뭐야?
갑자기!
원자 모형 이야기하다가
웬 사랑 이야기?
다, 당황스럽게!
헉, 그게
아니고!
아니, 그게 아니라…
예를 들면 네가 날
좋아해서 내 주변을
뱅뱅 맴도는데….
뭐,
내가 널?
뭐야, 너!
훈남은 무슨!
아! 내가
지금 무슨 소리를
하는 거지?
정다운,
너 진짜 웃긴다!
그러니까
원자핵과 전자
이야긴데…
뭔가
돌이킬 수 없게 된
상황 같다….

9화
휴일을 뉴턴과 보내는 법
아니,
해가 중천에 떴건만,
아직까지 아무도
안 일어난 거야?
아무리
일요일이라고는 하지만
이건 좀 너무하잖아~!
왈
왈
왈
왈라리
왈!
밥 줘!
쿨~
커~
조 ~~~~~~~ 용
심하구만….
게을러도
이렇게 게으를
수가 없어.
폴
짝
나무늘보도
이것보다
낫겠다!

엄마, 배고파요. 밥 주세요!
으힝힝 힝힝~!
할짝 할짝
아빠 보고 달라 그래!
팍
헐!
아빠, 밥 줘요, 밥!
으히헤 후흐하~!
할짝 할짝
!
탁
?
꾹 꾹 꾹 꾸루 꾹꾹
!
빠똑 왔숑!
오늘 믹스 담당 너잖아. 얼른 일어나서 밥 안 주고 뭐 해?

아,
진짜 짜증나!
꾹!
꾹!
꾹!
한 손 타입
아빠, 일요일
믹스 담당은
제가 아니라
오빠거든요!
본격 학습 만화
못 말리는 뉴턴
빠빠야
또~끄!
아들, 아직도
믹스 아침밥
안 챙겼냐?
어서 자신의
책임을
완수하라!
헉
오늘 겨운이
시키고
난 내일로
미루면 안 돼?
응? 응?
요 잡것이....
비호감!
NO!
양심 좀
있어라!
빠빠야
또~끄!
빠빠야
또~끄!
빠빠야
또~끄!
어디서
애교야!
헉 그룹
채팅이었
잖아?

컥!
스윽
알았어,
알았다고!
퍽
?
뒹구르르
뒹구르르
뭐야,
일어나기조차
싫은 건가?
부욱
사료
심하다...
탁
헐, 침대 위로
올라가려면 결국
일어나야 할걸?
데굴데굴
허법!
챠
휘리릭

으적
뉴턴은 정말 대단한 사람이야.
본격 학습 만화
못 말리는 뉴턴
만유인력 법칙으로 사과와 행성의 움직임을 모두 설명하다니!
탁
나 같으면 떨어진 사과를 주워 먹을 생각만 했을 텐데….
탁
맛있겠다!
아냐, 나도 나름대로 법칙을 발견할지 모르지.
공짜 사과가 더 맛있다는 법칙!
아작 아작
하여간 학습 만화는 정말 재미있어.
학습과 만화의 결합! 어려운 내용도 더 쉽게 이해할 수 있고 말이지….
아삭 아삭
본격 학습 만화
못 말리는 뉴턴

이, 이번엔
또 뭘 어쨌길래?
공짜 심보가 문제야?
꽈배
꽈배
우적,
우적!
꽈악
이럴 줄 알고
밥그릇을 꽉 잡고 있었지.
이번에는 기필코
밥을 사수한다!
1665년 영국 동부
울즈소프
영
국
Woolsthorpe manor
이번에는
어떤 과학자의
연구실로 온
걸까…?
잔디가 있는 걸
봐선 실내가
아닌데….
일반 농가
같은데?
소풍 온 기분이군.
좋아, 좋아~.
이런 날도 있어야지.

……
툭
잠깐,
저 사람
혹시?
촥
분격
못 말리는
!
둥
아이작 뉴턴?
?
넌 누구길래…
내 이름을 알고 있지?
뉴턴,
나 몰라요?
얼마 전에
프리즘
연구….
또 시작이다,
정다운!

정신차렷!
콱
…가 아니고!
화들짝~
처음 뵙겠습니다. 전 정다운이라고 해요. 뉴턴 님 이야기는 자주 들었어요.
꽤 영특하시다고…
얼얼
오호, 내 소문이 퍼졌구나. 그래, 내가 좀 영특하긴 해.
프리즘 때보다는 젊어 보이는데….
혹시, 나이가…?
스물네 살인데, 왜?
아, 그럼 뉴턴이 젊을 때로 온 거구나.
같은 인물을 두 번 만나다니, 이런 경우는 처음!
어쨌든 지금 너와 이야기할 때가 아니다. 할 말이 끝났으면 어서 가 보렴.

나는 지금…
사과가 땅으로 떨어지는 이유를…
쑹
찾고 있는 중이라 바쁘거든.
툭
도대체 이유가 뭘까? 왜 사과가 땅으로 떨어지는 걸까?
신의 위대한 섭리를 그런 말초적인 언행으로 판단하다니! 정신차려, 이 부끄러운 인간아!
헉!
먹을 수 있을 만큼 사과가 잘~, 익었다는 증거?
아삭
으이그

생각해 보렴. 사과가 땅으로 떨어지지 않고 만약 이런다면 어떻겠니?
Let it go!
Me, too!
완전 어색한데요?
이상하지?
사과가 땅으로 떨어지는 것이 당연하다고 믿기 때문에 아무도 그 이유에 관심을 두지 않지.
툭
이 세상에 당연한 것은 없어. 모든 것에는 이유가 있기 마련!
쏴아
땅 위의 모래알이 하늘로 뜨지 않는 이유!
우리 인간이 저 높은 하늘, 무한한 공간으로 떠오르지 못하고…
땅에…
헙!
다시 붙어 버리는 이유!
점프력 엄청 약하다…
탁

사과를 아무리 높이 던져도
다시 지표면으로…
떨어지는 이유!
휙
통
익!
전 그 이유를…
잘 알….
익
!
헉!
퍽
…지만 말 안 할래요!
너 같은 꼬마가 그 이유를 안다고?
그래, 그 이유가 뭔지 어디 들어 보자!
난 몰라, 이젠!
그러니까 그게… 음… 거시기가 뭐시기….
아~, 답답해 미치겠네!
그럼 그렇지

됐다, 됐어.
너처럼 아는 척만 하고
말로 못하는 사람들을
너무 많이 봐 왔지.
휴~
다행
사과가 땅으로
떨어지는
이유는!
툭
우주의
모든 물체에 서로
끌어당기는 힘이
있기 때문이야.
바로 만유인력의
법칙!
만약 네가 말도 안 되게 엄청난 힘으로
돌을 던졌다고 해 보자.
불꽃 피칭!
그렇다고 해도 돌은
인력 때문에 지구에서 벗어나지 않고…
지구를 한 바퀴 돌아
네 뒤통수를 때릴 거야.
퍽
커헉!
물론 장애물이 없다는
가정하에 말이지.

아, 인공위성이 지구를 벗어나지 않고 맴도는 이유가 바로 이거군!
그렇다면… 사과는 지구보다 엄청나게 가벼우니까 지구 쪽으로 끌려 오는 거군요?
오!
그렇다. 넌 완전한 허풍쟁이는 아니구나?
당연 하죠!
아, 어느새 달이 떴네?
사과뿐만 아니라 하늘에 떠 있는 달도 마찬가지.

왜 달은 지구에서
멀리 달아나거나,
바이 바이~.
지구와 충돌하지 않고
제자리에서 돌고 있는 걸까?
빡
으악!
달이 지구에서 벗어나려고 하면
지구가 잡아당겨 벗어나지
못하게 하기 때문이지.
하하하하!
하하!
까르르
안녕?
힘, 운동…
이 간단한 단어들이
얼마나 큰 의미를
담고 있는지
사람들은 알까?
이 우주는
세 가지
운동 법칙에
따라 움직이고
있단다.

첫 번째, 관성의 법칙.
외부에서 힘이 가해지지 않는 한, 가만히 있든 일정한 속력으로 직선 운동을 하든 모든 물체는 그 운동 상태를 유지한다는 법칙이지.
끼익
부웅

두 번째, 가속도의 법칙.
운동이 바뀌는 정도는 그 물체에 작용하는 힘이 클수록 커지고, 물체의 질량이 클수록 작아진다!

세 번째, 작용과 반작용의 법칙.
힘이 작용하면 반드시 크기가 같고 방향이 반대인 반작용이 생긴다.
후욱
바슈슈
슈
슈
슈
작용
반작용
쿠우
로켓이 연료 가스를 내뿜으며 날아가는 것도 같은 법칙이 적용되겠군….
역시, 근대 과학에서 가장 영향력 있는 과학자다워. 저렇게 술술….
다음에는 빛을 연구해 봐야지!

하지만 닐스 보어 아저씨가 알려 준 전자의 움직임은….
전자
원자핵
?
뉴턴의 운동 법칙으로는 설명하지 못해.
!
그래서 현대의 양자역학이 뉴턴의 근대 물리학과 구분되는 거구나.
잉?
본격
못 말리는
뉴턴
이, 이건….
뷁!
이건 내 이야기를 그림으로 엮은 책 아니냐?
아니에요! 이, 잊어 주세요!
팍
그나저나 어디까지 보셨어요?
앞부분만….
못 말리는 뉴턴

내 사생활을 훔쳐 보다니… 넌 뭐 하는 녀석이냐?
거기 섰!
그럼 전 이만!
퐁
그나저나 어떡하지?
어떻게 해야 미래로 돌아갈 수 있지?
원래 알아서 미래로 돌아갔는데 오늘은 예외인가?
어라, 내 프리즘!
탁 탁
이런, 녀석의 책 사이에 꽂아 놨나 보군.
타타타

어?
주우욱
프리즘이 잖아아아….
츄아악
다행이다! 이번에도 알아서 귀환!
끝까지 밥그릇을 챙기는 정신! 훌륭해, 믹스!
못 말리는 뉴턴
중얼
중얼
본격 학습 만화
못 말리는
뉴턴은 정말 대단한 사람이야. 그런 생각을 해내다니… 그나저나 어서 시간 이동의 이유를 알아내야 하는데….
중얼
슥
중얼

찰칵
찰칵
찰칵
…….
꾹 꾹
띠로리~.
요새 뉴턴에 올인 중. 약간 정신
사람 같음.긴장 늦추지 마셈 - 겨운
5분 후
드르렁~,
쿨~!
못 말리는 뉴턴
본격 학습 만화
정다운…
휴일에도
엄청나게
노력하네.
실력이 괜히
좋은 게
아니었어.
다운이와 믹스의 흥미진진한 양자역학 시간 여행, 다음 권을 기대해 주세요!
계속

알쏭달쏭 십자말풀이

→ 가로 길잡이

1. 이 세상 모든 물질이 물, 불, 흙, 공기로 이루어져 있다는 고대 그리스 철학자 엠페도클레스의 학설. 데모크리토스는 이 ○○○○에 반대해서 원자론을 제안했다.

3. 러더퍼드의 원자 이론을 수정하여 새로운 이론을 만든 덴마크의 물리학자. 수소의 스펙트럼 모양을 성공적으로 설명했다.

4. 물질에 대한 여러 법칙을 종합하여 자신의 원자론을 만든 영국의 화학자. 최초로 색각 이상을 연구하기도 했다.

7. 빛을 분해했을 때 띄엄띄엄한 선으로 이루어진 스펙트럼.

↓ 세로 길잡이

2. 원자를 쉽게 이해할 수 있도록 대략 그린 그림. 톰슨의 푸딩 ○○○○, 러더퍼드의 태양계 ○○○○ 등이 있다.

3. 실험을 통해 모든 물질이 물, 불, 흙, 공기가 아닌 입자로 이루어져 있다는 사실을 증명한 영국의 화학자.

5. 프리즘으로 빛을 연구하고 사과와 달의 운동을 성공적으로 설명한 영국의 물리학자.

6. 여러 종류의 빛 중에서 우리가 직접 눈으로 볼 수 있는 빛. 스위스의 물리학자 요한 발머가 수소에서 나오는 ○○○○ 영역의 빛을 연구했다.

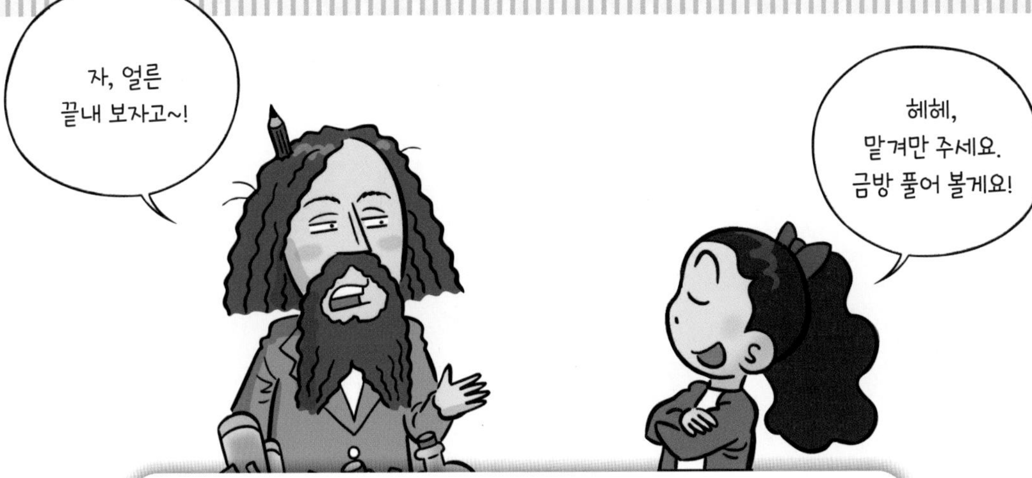
자, 얼른
끝내 보자고~!
헤헤,
맡겨만 주세요.
금방 풀어 볼게요!

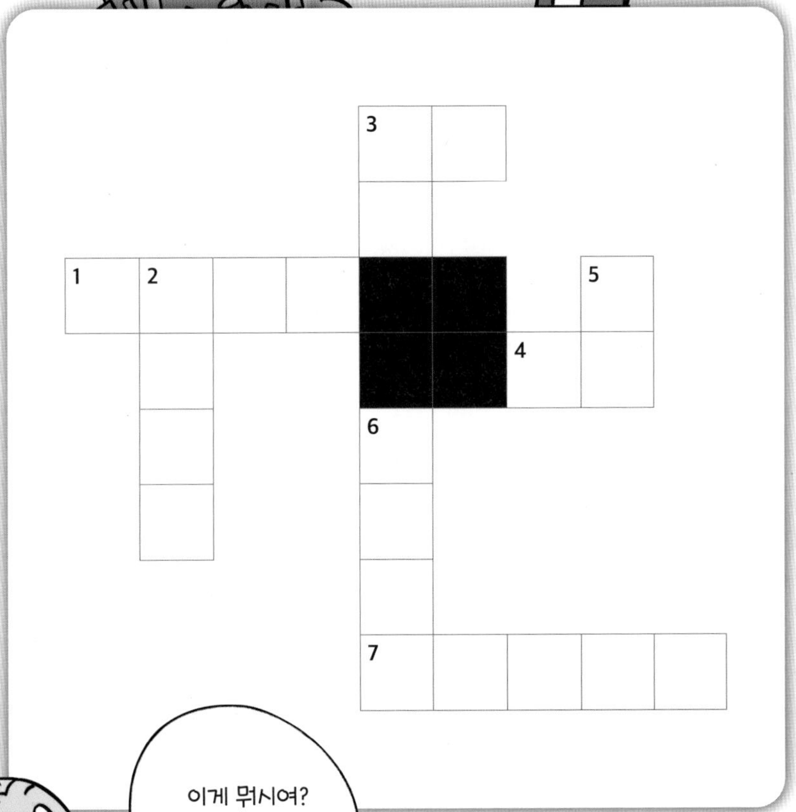

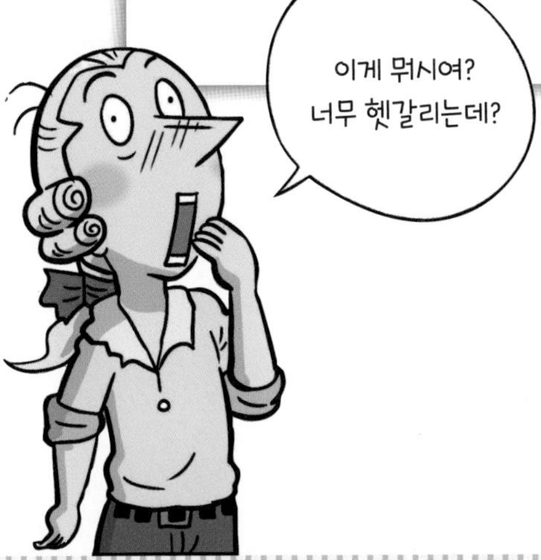
이게 뭐시여?
너무 헷갈리는데?

정답은 194쪽

정체를 밝혀라! 네모네모 로직

아이작 뉴턴

알쏭달쏭 십자말풀이

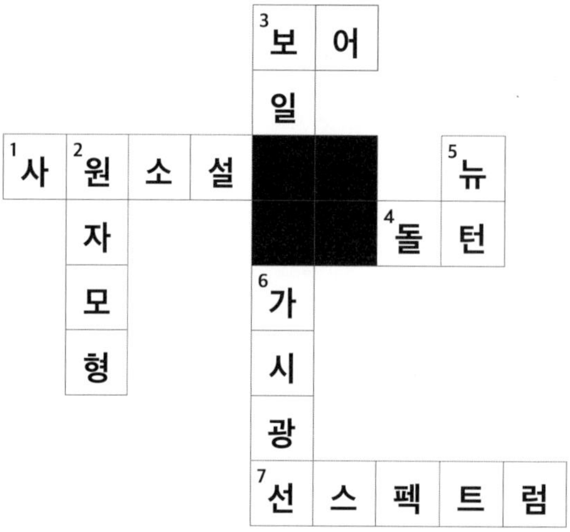

두 가지 게임으로 즐기는
과학자 캐릭터 카드

첫 번째 게임 하나 둘 셋! 누가 이겼을까?

카드를 조합해서 점수가 가장 높은 사람이 이기는 게임!

1. 카드를 잘 섞어서 똑같이 나눠 가지고, 자기만 볼 수 있게 손에 듭니다.
2. 모든 참가자가 "하나 둘 셋!"을 외치며 동시에 카드를 내려놓습니다. 조합할 수 있는 카드가 있으면 두 장, 없으면 한 장을 내려놓을 수 있습니다.

3. 점수가 가장 높은 카드를 내려놓은 사람이 탁자 위의 카드를 다 가져갑니다.
4. 게임을 계속 진행하다가 한 사람이 모든 카드를 가져가면 그 사람의 승리로 게임이 끝납니다!

두 번째 게임 누구누구? 캐릭터를 맞혀라!

캐릭터의 표정과 행동을 흉내 내서 누군지 맞히는 게임!

1. 카드를 잘 섞어서 똑같이 나눠 가지고, 자기만 볼 수 있게 손에 듭니다.
2. 참가자끼리 순서를 정합니다.

3. 자기 차례가 되면 손에 든 카드 중에서 하나를 골라 표정과 행동을 흉내 냅니다.

4. 다른 사람들은 어떤 카드인지 맞히고, 가장 먼저 맞힌 사람이 그 카드를 가져갑니다.
5. 게임을 계속 진행하다가 한 사람이 카드를 모두 잃으면 게임이 끝납니다. 카드를 가장 많이 모은 사람이 승리!

카드가 많을수록 게임을 더 재미있게 할 수 있겠죠? 2, 3, 4, 5권의 과학자 캐릭터 카드도 기대해 주세요!

초등학생을 위한 양자역학 ①

1판 1쇄 2020년 7월 27일
1판 8쇄 2024년 6월 1일

기획 어린이과학동아
그린이 홍승우
지은이 이억주
감수 최준곤
펴낸이 김정순
편집 조장현 허영수
디자인 김진영
마케팅 이보민 양혜림 손아영

펴낸곳 (주)북하우스 퍼블리셔스
출판등록 1997년 9월 23일 제406-2003-055호
주소 04043 서울시 마포구 양화로 12길 16-9(서교동 북앤빌딩)
전자우편 henamu@hotmail.com
홈페이지 www.bookhouse.co.kr
전화번호 02-3144-3123
팩스 02-3144-3121

ISBN 979-11-6405-065-9 64420
ISBN 979-11-6405-064-2 (세트)

* 해나무는 (주)북하우스 퍼블리셔스의 과학 브랜드입니다.
* 초등학생을 위한 양자역학 시리즈는 어린이과학동아에서 연재된 '다운이 가족의 생생 양자역학'을 단행본으로 엮은 것입니다.

어린이제품 안전특별법에 의한 기타표시사항
제품명 도서 | **제조자명** (주)북하우스 퍼블리셔스 | **전화번호** 02-3144-3123
주소 04043 서울시 마포구 양화로 12길 16-9(서교동 북앤빌딩) | **제조년월** 2024년 6월 1일 | **사용 연령** 11세 이상